资助项目：

国家自然科学基金（52375269、52405276）

国家社会科学基金（20BG115）

载人航天器色彩设计

姚　湘　江　奥　胡鸿雁◎著

厦门大学出版社 XIAMEN UNIVERSITY PRESS | 国家一级出版社 全国百佳图书出版单位

图书在版编目（CIP）数据

载人航天器色彩设计 / 姚湘，江奥，胡鸿雁著. 厦门 ：厦门大学出版社，2025. 9. -- ISBN 978-7-5615-9735-4

Ⅰ. V476.2

中国国家版本馆 CIP 数据核字第 2025U9D823 号

责任编辑　李峰伟
美术编辑　张雨秋
技术编辑　许克华

出版发行　厦门大学出版社
社　　址　厦门市软件园二期望海路 39 号
邮政编码　361008
总　　机　0592-2181111　0592-2181406(传真)
营销中心　0592-2184458　0592-2181365
网　　址　http://www.xmupress.com
邮　　箱　xmup@xmupress.com
印　　刷　厦门市竞成印刷有限公司

开本　787 mm×1 092 mm　1/16
印张　10
字数　245 千字
版次　2025 年 9 月第 1 版
印次　2025 年 9 月第 1 次印刷
定价　52.00 元

本书如有印装质量问题请直接寄承印厂调换

厦门大学出版社
微信二维码

厦门大学出版社
微博二维码

序一

岁月如梭，自人类踏上太空征途以来，载人航天器始终是承载梦想与使命的“天界之舟”。然而，人们往往聚焦于其精密的技术系统与严苛的安全保障，却易忽视那一抹抹在舱壁、舱门乃至航天服上流转的色彩。色彩不仅能带来视觉的欢愉，更承载着功能的分区、安全的提示、心理的安抚与品牌的识别。恰如星辰于夜空中闪耀，色彩亦在浩瀚的宇宙画布上，为人类的太空家园刻画出温度。

《载人航天器色彩设计》一书，正以其独到的视角与扎实的研究，填补了航天工程与视觉设计之间的这一重要空白。作者从历史演变、技术规范、生理心理、材料工艺等多维度出发，系统梳理了各代载人航天器色彩应用的逻辑与成效，并借助丰富的图示与实证案例，为读者揭示了从概念生成到落地执行的全流程。书中不仅有对国际航天器色彩方案的深度剖析，更结合我国载人航天事业的特色需求，提出了因地制宜的创新思路，使其理论与实践兼备、学术与工程并重。

全书展现了色彩心理学在航天器中的运用实践。面对长达数日甚至数月的太空驻留，航天员面临的不仅是生理极限的考验，更有隔离、单调与压力带来的心理挑战。科学合理的色彩环境，不仅能分散注意力、缓解疲劳，还能带来“在地球”般的温馨与宁静，有助于团队协作和任务完成。书中通过研究色光刺激对人体生物节律、认知效率与情绪调节的影响，提出了一系列针对性配色与照明策略，令人耳目一新。

本书始终将载人航天器的应用场景置于首位，强调“以需求定设计”，避免了空洞的理论堆砌。在紧迫的发射周期与严苛的重量限制下，如何兼顾功能性与美观性？作者以最新一代国产载人飞船项目为例，通过多方调研与反复验证，论证了轻量化涂料的配比、抗辐射材料的选型，以及模块化色彩系统的可行性，为工程团队提供了可操作的实施指南。

“工欲善其事，必先利其器。”色彩设计虽非航天器设计的核心，却如同润物细无声的脉络，使飞船内部环境更具人文关怀与生命活力，以清晰的视觉引导确保航天员在复杂环境中准确操作。因此，本书的面世将对未来载人航天器的设计与应用有重要的参考价值。

在此，我代表对太空色彩艺术充满热忱的读者，向作者致以崇高的敬意，感谢其潜心钻研、精心编撰，使这一跨学科领域的专著得以呈现。愿《载人航天器色彩设计》成为业界通行的参考典范，为更多同行启迪灵感，也为人类的太空家园增添一抹更为绚烂的色彩。

何人可

2025 年 6 月于长沙

序二

我有幸为姚湘教授的《载人航天器色彩设计》写下序言。在20世纪60年代美国阿波罗号飞船登月项目中，工业设计师罗维就参与了航天员宜人性设计工作，为项目的顺利完成做出了杰出贡献。在21世纪初，中国航天工业设计刚开始起步，在神舟飞船项目中得到了初步应用。随着中国空间站的建成，越来越多的航天员会长时间在失重、密闭的空间中工作和生活，因此在航天器设计中对人、机、环的研究就显得十分重要。这本书是由参与过中国载人航天项目的姚湘教授组织团队精心编写的，旨在探索并总结航天器内部色彩的系统设计问题，这对于探索中国航天器及未来国际新型空间站建设中的适人性设计问题以及中国航天高质量发展具有十分重要的意义。

航天员在太空中的生活具有特殊性，他们面临着许多我们在地球上无法想象的挑战。因此，如何为他们创造一个舒适、安全、高效的工作和生活环境，是设计师们的重要任务。这本书详细介绍了色彩对太空中的航天员生理和心理的影响，通过深入研究和分析，作者探讨了包括空间环境、功能性设施和装饰性部件等不同对象的色彩需求，提出了一套科学的色彩设计方法，以帮助设计一个安全、高效与舒适的航天作业环境，为提高航天员的生理和心理健康水平提供理论支持和实践指导。

我特别欣赏这本书将色彩设计作为主要内容，研究面向情绪适人性的航天环境色彩设计机制。这不仅为我国载人航天器内部色彩设计提供了科学的指导依据，打造具有中国特色的航天适居环境，而且能为调节航天员情绪，提高作业效率和空间生活品质，为我国空间环境情绪适居性支持方案提供重要参考依据。

我相信，这本书的出版将有助于提高我国载人航天器色彩设计水平，对提升航天环境人机交互色彩设计产生积极影响。我期待这本书在实践中有更多的应用成果，并希望它能为我国航天事业的高质量发展做出更大的贡献。

2025 年 5 月

目　录

第 1 章　绪　论

1.1　研究意义

载人航天指人类驾驶和乘坐航天器在太空中进行探测、研究、试验、生产等活动。自 1961 年苏联航天员尤里·加加林完成首次太空任务以来，载人航天已取得显著进展。目前，除苏联（现俄罗斯）、美国外，中国、日本、印度、加拿大等国家也在积极发展载人航天事业。中国自 1956 年起致力于航天事业，1970 年 4 月 24 日成功发射第一颗人造地球卫星，成为继苏联、美国、法国、日本之后世界上第五个能独立发射人造卫星的国家。图 1-1 所示为中国航天员拍摄的航天器与太空。1981 年，国际航空联合会将外层空间定义为人类的第四个生存环境。

图 1-1　航天器与太空

图片来源：A 毒舌视界. 从“跟跑”到“领跑”，中国“空天飞机”精准返航，领先美国一步[EB/OL].（2024-09-10）[2025-03-01]. https://baijiahao.baidu.com/s?id=1809803754607240035&wfr=spider&for=pc.

载人航天器是指按照预定飞行路径，围绕地球或外太空飞行的飞行器。其主要分为载人飞船、空间站和航天飞机 3 类，如图 1-2 所示。载人飞船为一次性使用的无翼型宇宙飞船，搭载少量航天员，进行短程太空飞行，具备沿弹道或升力轨迹返回地面并垂直降落的能力。空间站具有较大规模的实验和生产能力，支持多个航天员长期工作和居住。航天飞机兼具飞船和运载火箭双重功能，可重复使用，具备在太空中执行任务后返回地球并再次发射的能力。这 3 种载人航天器各具特色，功能互补，共同满足人类在太空中的生存和探索需求。

2018 年是中国航天“三步走”战略（图 1-3）的关键年。2021 年 5 月，天和核心舱完成轨道试验，同年 6 月，神舟十二号成功对接天和核心舱，航天员聂海胜、刘伯明、汤洪波进入太空。7 月 4 日，航天员完成首次太空行走。10 月 16 日，神舟十三号成功对接太空站，航天员翟志刚、王亚平、叶光富开启为期 6 个月的太空生活（图 1-4），创下在轨飞行新纪录，完成 2 次出舱和太空课堂等任务。2022 年 6 月，神舟十四号发射，航天员陈冬、刘洋、蔡旭哲入驻中国空间站。7 月 24 日，问天实验舱发射，成为首个科学实验舱，3 名航天员进行实验和太空授课，并成功出舱。10 月 31 日，梦天实验舱发射，完成空间站三舱“T”字构型。11 月 12 日，天舟五号与天和核心舱成功对接，创下世界纪录，仅用 2 小时实现快速对接，标志着中国太空站进入长期人类居住时代。

图 1-2　3 种载人航天器

图片来源：钟铭聊科学. 奇怪了！神十四明明装有“北斗卫星”定位，为啥还要靠人工搜索？[EB/OL]. (2022-12-05)[2025-03-01]. https://weibo.com/ttarticle/p/show?id=2309404843118607597692.

吴月辉，余建斌. 我国空间站建设计划稳步推进 天宫一号运营三年成果丰硕 天宫二号研制和相关试验全面展开[EB/OL]. (2014-09-27)[2025-03-01]. http://paper.people.com.cn/rmrbhwb/html/2014-09/27/content_1482917.htm.

3D Horse. Discovery Space Shuttle modelo 3d[EB/OL]. (2009-05-18)[2025-03-01]. https://www.turbosquid.com/es/3d-models/nasa-space-shuttle-discovery-obj/464093.

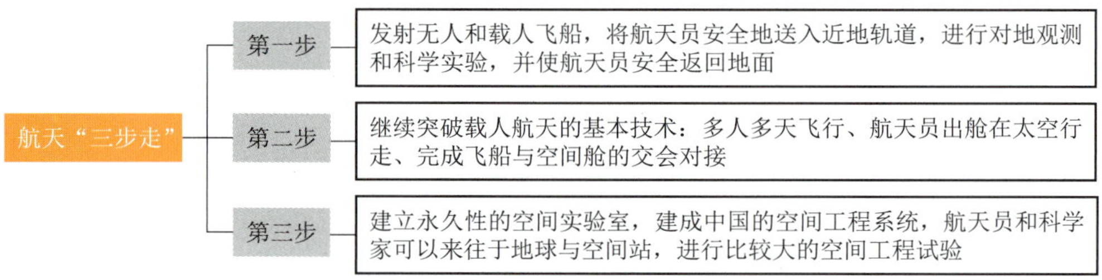

图 1-3　中国航天“三步走”战略

图 1-4　神舟十三号出征及太空生活

图片来源：百度百科. 神舟十三号[EB/OL]. (2024-03-05)[2025-03-05]. https://baike.baidu.com/item/%E7%A5%9E%E8%88%9F%E5%8D%81%E4%B8%89%E5%8F%B7?fromtitle=%E7%A5%9E%E5%B7%9E%E5%8D%81%E4%B8%89%E5%8F%B7&fromid=60474689&fromModule=lemma_search-box.

极目新闻. 我已出舱感觉良好，太空回响中国之声[EB/OL]. (2021-11-08)[2025-03-05]. https://www.ctdsb.net/channel/1677/202111/08/1316112.html.

2021 年，中国航天执行 55 次发射任务，首次突破一年 40 次，居全球第一。2022 年 7 月，长征五号 B 遥三火箭成功发射问天实验舱；同年 11 月，长征二号 F 遥十五火箭成功发射神舟十五号载人飞船，如图 1-5 所示。2023 年 1 月，长征二号丙火箭成功发射亚太 6E 卫星。中国航天事业持续取得重要进展。

近年来，中国航天事业取得显著进展，成功发射嫦娥系列月球探测器、天宫空间站、天问一号火星探测器、问天实验舱等，同时长征、快舟、谷神星系列火箭也在应用，北斗导航、通信卫星、气象卫星等技术成熟，标志着中国航天达到世界领先水平。然而，太空环境对航天员心理健康构成挑战，微重力、隔离、噪声等因素可能引发焦虑、抑郁等情绪问题，影响工作与健康。国内对太空心理研究不足，国际经验表明，研究太空环境对情感的影响是国际空间站建设的重要课题。因此，关注航天员心理健康并制定有效支持措施至关重要。图 1-6 所示为科研人员与航天员对操作认知的研究。

图 1-5　神舟十五号出征及发射

图片来源：社会信息小摊儿. 迈入新征程，如何确保神舟十五号稳定的能量供给[EB/OL]. (2022-11-30)[2025-03-05]. https://it.sohu.com/a/611562312_121119256.

百度百科. 神舟十五号飞行乘组[EB/OL]. (2022-11-30)[2025-03-01]. https://baike.baidu.com/item/神舟十五号飞行乘组/61309367.

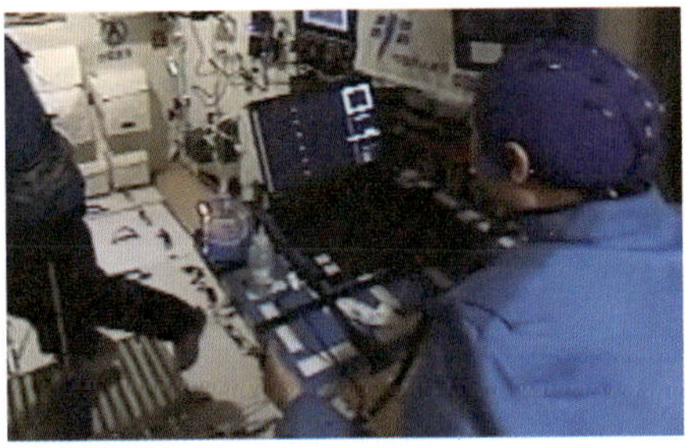

图 1-6　科研人员与航天员对操作认知的研究

图片来源：我们的太空.【技术・航天】脑机交互技术，"解锁"太空新体验[EB/OL]. (2020-11-15)[2025-03-01]. https://zhuanlan.zhihu.com/p/288308118? utm_source=wechat_session&utm_id=0.

适居性(habitability)包括与"使用者与系统/环境之间的物理界面"或一般称为"环境合用性"(usability of the environment)有关的各个方面。良好的居住和工作环境对航天员的工作表现和精神状态至关重要。美国国家航空航天局(National Aeronautics and Space Administration, NASA)在执行国际空间站(International Space Station, ISS)的任务时，建立了适合居住的运作小组，旨在确定和分析航天员执行任务所需的居住条件。这一研究流程(图 1-7)通过收集大量资料，致力于优化太空环境，以提升航天员的工作效率和维护其心理健康。

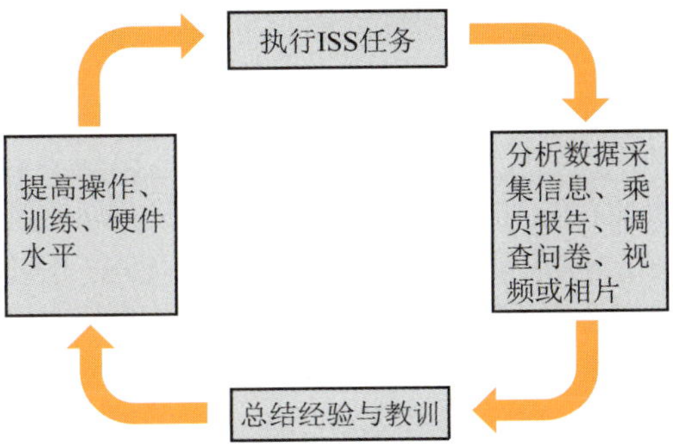

图 1-7　ISS 实用居住计划研究流程

色彩设计在空间环境适居性中至关重要，直接影响航天员情绪调节和工作效率。NASA在*Human Integration Design Handbook*（HIDH）(《人类整合设计手册》)（NASA/SP-2010-3407）和*Man-Systens Integration Standards*（《人-系统整合标准》）（NASA-STD-3000）中明确规定了载人航天器的色彩设计要求，这些标准也被欧洲太空总署采纳。色彩对人类工作、娱乐、休息等活动影响深远，关系到效率、安全、舒适和情绪健康。色彩不仅产生视觉效果，还能调节人类情绪、心理和行为，起到情感调节的关键作用。

因此，研究面向情绪适居性的中国空间站色彩设计机制，为国内空间站色彩设计提供科学依据，创造适合太空居住的环境至关重要。合适的色彩设计可调节航天员情绪，提高其工作效率，并改善空间居住质量，为制定情绪适居性支持方案提供参考。

1.2 载人航天器特因环境

人类太空探索依赖稳健的航天器设计和生命支持技术。随着任务持续时间和复杂性的增加，人类已证明能在太空中生存和工作。航天生物医学研究为了解轨道环境对航天员健康的影响提供了大量数据。主要的环境挑战包括高真空、微重力、极端温度、空间碎片、噪声、电离辐射等。新技术的开发将推动人类向更远的太空迈进，进一步延长太空任务的持续时间。

1.2.1 极端温度

地球低轨道上的航天器以每秒约8公里的速度运行，每90分钟绕地球一圈。航天器内的温度保持在21～23 ℃，但外部温差极大，向阳侧可达100 ℃，而夜晚阴影区则降至－100 ℃。在太空行走时，航天员可能忽视温度变化，因此航天服提供主动冷却和温控功能，并支持手动调节恒温器和加热器以应对极端温度。

1.2.2 昼夜节律紊乱

近地太空每45分钟的明暗转换可能扰乱航天员的昼夜节律，影响其睡眠质量。空间站每日16次日落日出造成不规则光模式，尽管明暗转换影响可通过调整舱内灯光等手段抑制，但时间线压力和环境噪声也是主要影响因素。

1.2.3 高真空

航天器外部为高真空，内部压力长期稳定在101.34 kPa。当航天员在太空行走时，航天服使用氧气加压至29.5 kPa，气闸减压会带来减压压力。为此，航天员在太空行走前需进行氧气预呼吸，以降低氮含量，并接受减压病训练，必要时通过氧疗或超压治疗。

1.2.4 电离辐射

国际空间站位于350公里轨道上，航天员暴露于高电离辐射环境中，辐射主要来自银河宇宙射线、太阳高能粒子和地球磁场粒子。航天器每天穿越辐射较强的南大西洋异常区，年辐射剂量约为0.3 Sv，远高于地面。随着任务时间延长，辐射剂量增加，火星任务预计年辐射剂量为1 Sv。辐射可损伤脱氧核糖核酸（deoxyribonucleic acid，DNA），增加癌症风险。航天员应遵循辐射防护原则，并进行辐射监测以减少风险。

1.2.5 空间碎片

空间碎片包含废弃卫星、火箭残骸和老化航天器碎片，已成为低轨飞行的重大风险。目前超过 12000 个大于 10 cm 的碎片被跟踪，较小的碎片可能达数十万个。这些碎片碰撞速度可达10 km/s，可能造成严重损害。因此，国际空间站通过金属屏障和避碰措施减轻碰撞风险。航天员在太空行走时，微流星体和碎片可能穿透航天服。

1.2.6 电离层等离子体

低轨道航天器与电离层等离子体有复杂的相互作用。国际空间站的太阳能电池板和结构可能与等离子体发生有害交互，导致电荷积累。为防止电弧放电，安装等离子接触器单元，它们通过释放电子流减少积累。如果接触器故障，航天员的金属装备或工具可能会遭遇电弧风险。

1.2.7 噪声

国际空间站的噪声水平通常为 60 dBA，但某些区域噪声较大，可能导致航天员听力损失。噪声不仅影响交流，还可能干扰睡眠、注意力，甚至影响航天员的工作表现。此外，警报声音也可能打扰航天员休息，特别是在执行关键任务之前。

1.2.8 微重力

国际空间站作为低重力实验的研究平台，其加速环境从 0.01g 的瞬态事件到低于 g 的稳定水平不等。轨道活动中的交会对接和运动设备可能引起加速扰动，影响实验。为此，国际空间站开发的隔离系统可以将关键实验与瞬态振动和加速度分隔开。

1.2.9 视觉混乱

国际空间站的狭小空间和单一色调可能导致航天员视觉疲劳、焦虑和抑郁，影响工作效率和人际关系。早期空间站如礼炮 6 号使用柔和色彩营造和谐氛围，国际空间站也考虑通过色彩减轻航天员视觉疲劳。此外，在选拔和训练阶段应注重航天员心理健康，确保其情绪稳定，具备较强的适应能力。

1.3 色彩空间与模型

1.3.1 CIE 比色法和颜色描述

国际照明委员会(International Commission on Illumination，CIE)是全球照明标准化组织，旨在统一光度和色度测量标准，并定义颜色刺激参数。CIE 比色系统基于加色混合，标准化光源、观察者和几何形状。光源通过光谱功率分布(spectral power distribution，SPD)量化，自然日光复杂且不稳定，难以模拟，因此 CIE 引入标准化照明体。最初引入的 A、B、C 类光源分别代表白炽灯、直射太阳光、平均日光，后来推荐 D 类光源，D65 广泛用于涂料和纺织，D50 常用于图形艺术和计算机行业。

1.3.2 CIELab 色彩空间

CIELab 色彩空间(也称为 Lab)由 CIE 于 1976 年定义，旨在提供一个在感知上具有一致性的颜色表示方法。它通过 3 个值来表示颜色：L 表示亮度，a 和 b 分别表示从绿色到红色和从蓝色到黄色的色度。该空间基于人类视觉的对立色模型，其中红色与绿色、蓝色与黄色形成对立。L 的范围从 0（黑色）到 100（白色），a 和 b 的值则根据参考白色而定，CIE 推荐使用 CIE 标准光源 D65[1]。CIELab 色彩空间广泛应用于工业界，特别是在检测颜色微小差异方面具有重要意义。CIE 1931 色彩空间色度和基于 CIE 1964(u,v)颜色空间的色度如图 1-8 和图1-9所示。

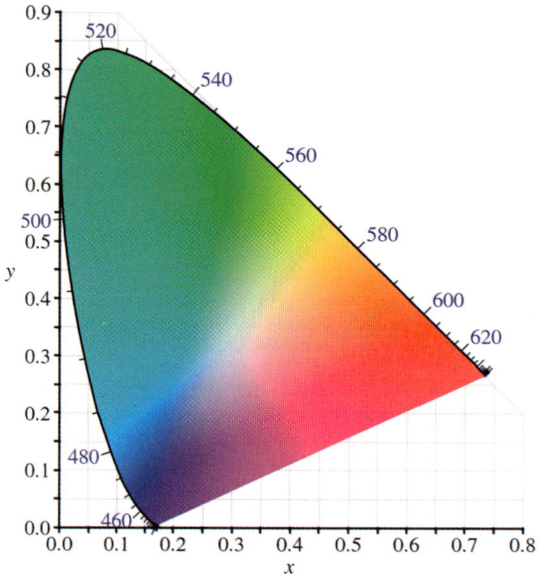

图 1-8　CIE 1931 色彩空间色度

图片来源：Cpurely. 色域马蹄图是怎么来的？——CIE 1931 XYZ 色彩空间详解[EB/OL]. (2020-05-02)[2025-03-05]. https://zhuanlan.zhihu.com/p/137639368.

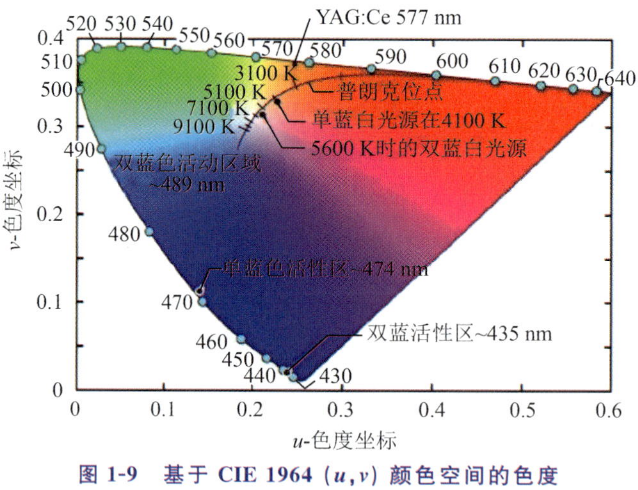

图 1-9　基于 CIE 1964 (u,v) 颜色空间的色度

图片来源：arina. 小白色度学——什么是色域和色准？[EB/OL]. (2021-05-24)[2025-03-01]. https://zhuanlan.zhihu.com/p/374672297? utm_id=0&wd=&eqid=88d2eb9c0000646800000000046475f6c1.

1.3.3　RGB 模型

RGB 模型是色彩模型中常见的标准之一，在人机界面设计中也被广泛地运用。RGB

模型可用于彩色监视器和原色相机，但是 RGB 模型在不同的显示器中存在显示色差的问题。在 RGB 模型下，R 代表红色，G 代表绿色，B 代表蓝色[2]。结合这 3 种颜色的亮度值会生成新的像素颜色，进而产生更多颜色。在 RGB 色彩模型中，R、G、B 每个色彩通道对应的取值范围都是[0,255]。RGB 色彩模型通过红、绿、蓝 3 个色彩通道数值的变化进行组合，所形成的色彩几乎完全包含现在人的视觉感知的全部色彩，此色彩模型目前的应用也最为广泛，如图 1-10 所示。

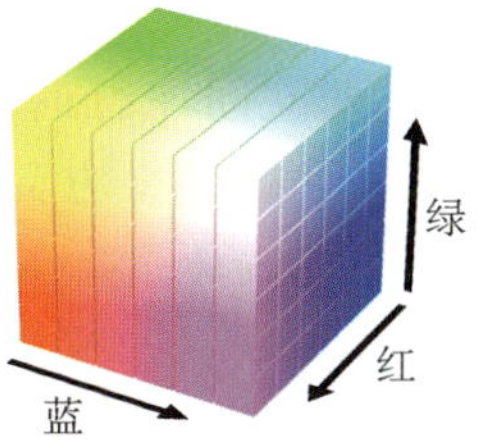

图 1-10 RGB 色彩模型

图片来源：Redjue. 色彩模型与颜色选择器[EB/OL]. (2023-09-07)[2025-03-01]. https://ant-design.antgroup.com/docs/blog/color-picker-cn.

1.3.4 HSL 和 HSV 模型

HSL(色相、饱和度、亮度)和 HSV(色相、饱和度、明度)是 RGB 颜色模型的替代表示，旨在更贴近人类对颜色的感知[3]。HSL 模拟颜料混合，亮度类似于黑白颜料的比例；HSV 模拟颜色在光线下的显示，明度表示亮度。尽管两者有所不同，它们都试图更符合人类感知，但在调整饱和度或亮度时，可能导致明度差异，如图 1-11 所示。因此，选择合适的颜色模型对图形设计和图像处理至关重要。

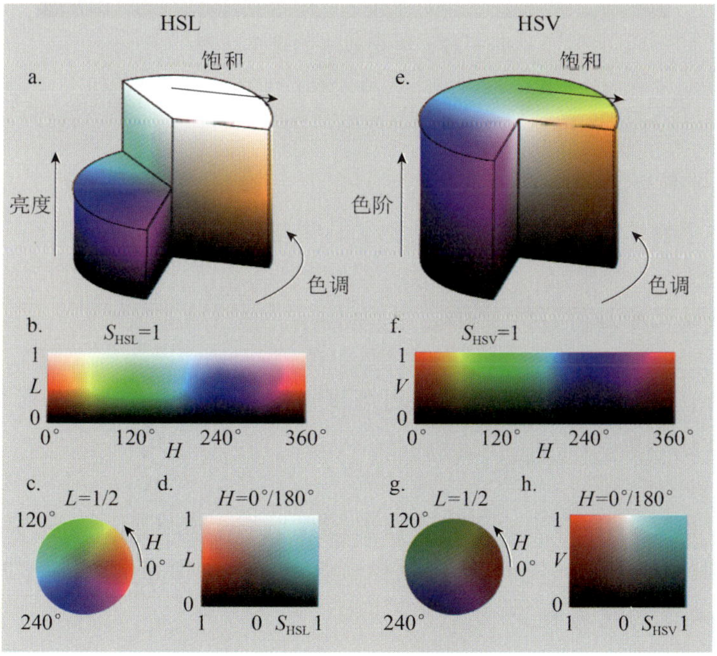

图 1-11 HSL(a 至 d)和 HSV(e 至 h)

图片来源：学海无涯 GL. 关于 HSL 和 HSV 颜色空间的详细论述[EB/OL]. (2013-11-05)[2025-03-01]. http://www.360doc.com/content/13/1105/14/10724725_326803150.shtml.

1.4 色彩设计与人因

载人航天因人的参与这一重要特点而有别于其他航天活动，而适居性涵盖了与“使用者与系统/环境之间的物理界面”或通常所说的“环境合用性”相关的所有方面。色彩设计是空间环境适居性设计的重要内容，色彩经由视觉产生心理联想或生理反应，对人的心理、情感、健康及视觉功能等均有较大影响。在长期空间飞行的特殊环境下，载人航天器色彩设计对乘员的影响主要体现在生理、心理及认知功效 3 个方面。

1.4.1 人类的视觉

1.4.1.1 光源

光被认为是一条条的光束，牛顿首先称之为光谱。在整个电磁波谱中，人类的视觉系统只能检测到很小范围的刺激。人眼可见光的波长范围通常定义为 360～780 nm，对应频率为 390～830 THz。在此范围内，光的波长越长，颜色越偏红；波长越短，颜色越偏紫。例如，人眼对波长约为 555 nm 的绿色光最为敏感。此外，SPD 用于量化光源的光谱特性，分光辐射仪常用于测量 SPD。图 1-12 显示了电磁波谱的可见范围。

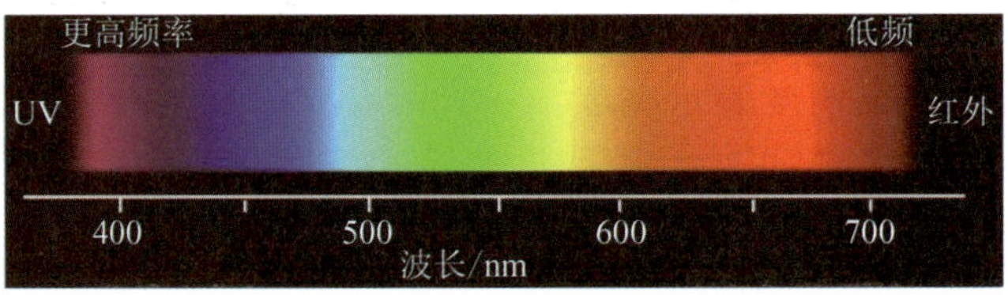

图 1-12 电磁波谱的可见范围

图片来源：taotao_2016. 光与颜色有着什么联系？人类为什么会看到颜色？[EB/OL].(2021-01-17)[2025-03-01]. http://www.360doc.com/content/21/0117/11/32196507_957421364.shtml.

1.4.1.2 材料和光线

当光照亮一个物体时，不同的材料会发生一些与颜色有关的反应。

(1)透射

透射描述的是光穿过材料的过程。

(2)吸收

除了透射，光也可以被吸收。透明材料可以吸收部分光线并显示为彩色；黑色和不透明材料可以吸收所有的光线。

(3)散射

尽管有透射和吸收，一些光也可以被散射或反射。当光照到一个粗糙的表面或一个光滑的表面时，辐射会改变光的方向，这个过程就是散射。反射是散射的一个特殊情况。

1.4.1.3 人类的色彩视觉

人类的视觉系统可以根据光的波长来捕捉视觉信息，这就是颜色能被人看到的原因。在生理上，人类的视觉系统是指人眼和人脑的一个特定部分。视觉系统通过分析可见光的数据与环境进行互动。

(1)眼睛和视网膜

人类视觉系统中第一个处理图像的部位是眼睛。眼球是球形的,由 3 个不同的层次组成:硬膜、脉络膜和视网膜。光线通过晶状体,并指向视网膜。视网膜是眼球背面的一层,它本身可以分成 3 层:视网膜神经节细胞,位于视网膜的顶部;双极细胞在视网膜的中间;感受器,位于视网膜的底部。图 1-13 中显示了视网膜的 3 层结构,最上面的两层位于受体材料的上方,它可以过滤进入的光线,以避免任何漫反射的照明;在第三层,有两组受体,它们是视杆细胞和视锥细胞。

图 1-13　色光与人眼

图片来源:七姐特效.单色激光即将被淘汰 三色激光投影仪能否承继未来?[EB/OL].(2023-04-30)[2025-03-01].https://www.163.com/dy/article/I3IIAQ8N0553QF4P.html.

(2)视杆细胞与视锥细胞

人类拥有 4 种受体细胞:3 种锥体(L、M 和 S)负责白天的色觉,棒状体主导夜间视力,称为"三色觉"。视杆细胞在低光环境下感知微弱光线,如闪光和星光,周围环境呈灰色。视锥细胞对短、中、长波长的光敏感,在正常照明(如日光)下发挥作用。图 1-14 显示了每个锥体的实际光谱位置(每个视锥细胞的实际光谱位置)。每个视锥细胞在长、中、短波区的敏感度不同,在短波和中波区最为敏感。

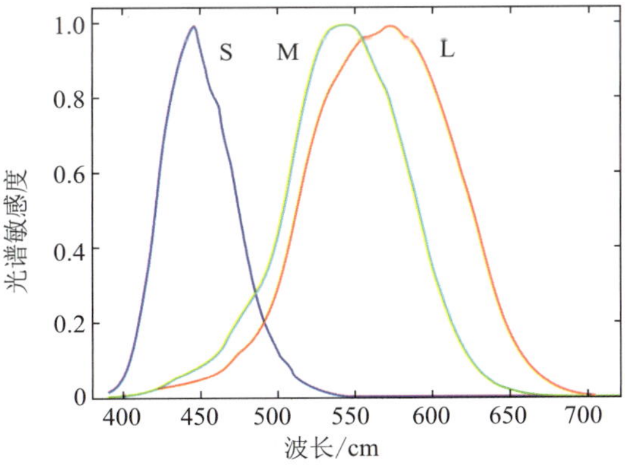

图 1-14　L、M 和 S 锥体的光谱敏感度

图片来源:zball.(科普) 颜色[EB/OL].(2019-07-02)[2025-03-01].https://www.cnblogs.com/tmzbot/p/11117798.html.

1.4.2 颜色描述

颜色的基本属性包括色相、明度和饱和度，常用于描述颜色的外观特征。其中，色相指颜色在红、黄、绿、蓝等基本色之间的位置，反映人眼对颜色类别的感知；明度表示颜色的明亮程度，通常通过与参考白的亮度对比来衡量；饱和度则指色彩强度与其自身亮度的比值，反映颜色的纯净程度。此外，色度和彩度也是常用概念。色度表示颜色相对于参考白亮度的色彩强度，彩度则描述颜色在特定照明下的丰富程度。色度与饱和度的主要区别在于前者以参考白为基准，后者以颜色自身亮度为基准。这些术语多基于 CIE（国际照明委员会）颜色模型，用于系统地表征颜色在视觉感知中的属性。

1.4.3 色彩对生理的影响

人眼是感知环境的主要器官，而视觉影响着人类的工作效率、安全、舒适和情绪健康。色彩通过视觉和非视觉通路作用于视网膜（图 1-15），产生复杂的生理和心理效应。研究表明，颜色影响情绪和行为，如红色与兴奋、恐惧、爱相关，且可能通过视觉或皮肤吸收引发生理反应。此外，色彩还会影响注意力、情绪和认知任务的表现。

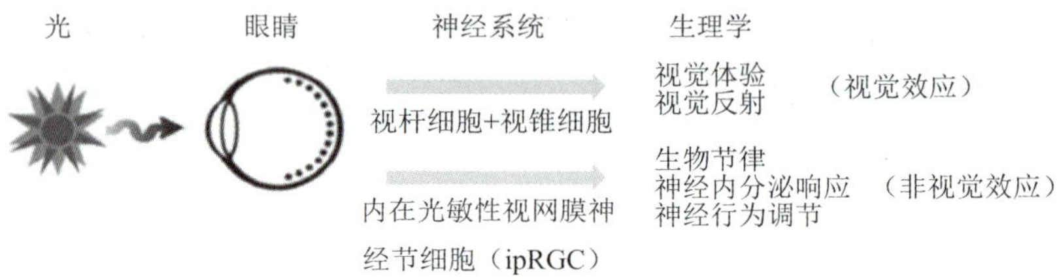

图 1-15 色彩的视觉效应与非视觉效应

1.4.3.1 脑电图

脑电图（electroencephalogram，EEG）记录大脑皮层电活动，常用于研究视觉刺激对大脑的影响。大量的研究使用针状电极接触枕部的皮肤[4]。研究发现，红色对 α 波的影响通常比蓝色、绿色或白色更显著。个体差异也会影响 EEG，如视觉化能力较强的人对红色更敏感。对癫痫患者而言，红色可能引发异常反应。因此，颜色对脑电波的影响具有直接性和个体差异性。

1.4.3.2 表面皮肤电反应

皮肤电反应（galvanic skin response，GSR）是通过测量皮肤电阻来评估情绪和唤醒水平的生理指标。当观察者观看红色时，GSR 通常比观看蓝色或绿色时更强烈。例如，一些研究发现，红色引起的 GSR 比蓝色更大，绿色引起的 GSR 也比蓝色更大，而红色和绿色之间的差异并不明显。此外，当参与者先观看绿色，然后观看红色时，GSR 差异更为显著。这些发现表明，颜色对 GSR 有直接影响。因此，GSR 通常被用来测量人类对颜色的反应[5]。

1.4.3.3 血压

研究表明，红色对收缩压的影响高于白色和蓝色，长波长颜色对血压影响较大。颜色也用于治疗心脏疾病，红色升高血压，冷色则相反。其效果取决于患者对颜色的联想，愉快联想可降低血压，负面联想则升高血压。彩色照明研究发现，红色环境中血压上升，蓝色和绿色环境中血压下降，但差异不显著。[6]尽管如此，颜色对血压的影响仍需进一步研究。

1.4.3.4 心率和呼吸

大量研究发现，颜色对生理指标如心率、呼吸率和血氧饱和度有显著影响。在彩色照明环境中，红色光线会使心率和呼吸率增加，而蓝色光线则相反。此外，红色和绿色的环境也会导致心率和血压的升高。这说明了心率研究的发现与血压研究的发现是一致的[5]。然而，部分研究者认为，颜色对这些生理指标的影响可能是长期且潜移默化的，需要更多研究来确认。

1.4.3.5 氧气测量法

在血氧测量方面，研究发现皮肤颜色对脉搏血氧饱和度(blood oxygen saturation，SpO_2)的测量结果有影响，深色皮肤可能导致血氧饱和度测量仪高估实际氧合血红蛋白饱和度。此外，涂有深色指甲油(如黑色或蓝色)的指甲可能对血氧饱和度监测数值产生影响。因此，在使用血氧饱和度测量仪时，建议注意皮肤颜色和指甲油颜色，以确保测量结果的准确性。

1.4.4 色彩对心理的影响

研究表明，室内色彩和照明对人类心理状态有显著影响。例如，蓝色、绿色和紫色被认为具有冷静、平静和放松的效果，有助于缓解焦虑。相反，红色和黄色则被视为温暖和令人兴奋的颜色，能够提高唤醒水平。此外，研究还发现，黄色内墙被认为更宽敞、更宜人、更有趣。然而，红色环境可能导致受试者感到更紧张。这些发现强调了色彩在工作和生活环境中对人类情绪和工作绩效的影响，实验场景如图1-16所示。

图1-16 相关色彩实验研究场景

图片来源：课题组自绘.

有研究指出，合理的舱内色彩设计能够缓解空间环境中活动受限所引发的负面情绪，从而提升环境的适居性。NASA曾针对睡眠缺失问题，研究了不同色光对“睡眠—觉醒”的影响，并将相关成果应用于空间照明设计中[6]。图1-17所示为NASA色光对乘员的影响研究实验过程。目前，空间色彩设计主要遵循NASA《人-系统整合标准》(NASA-STD-3000)，其要求包括避免使用过多种类的颜色，并限制中等亮度和饱和度颜色的多样化。

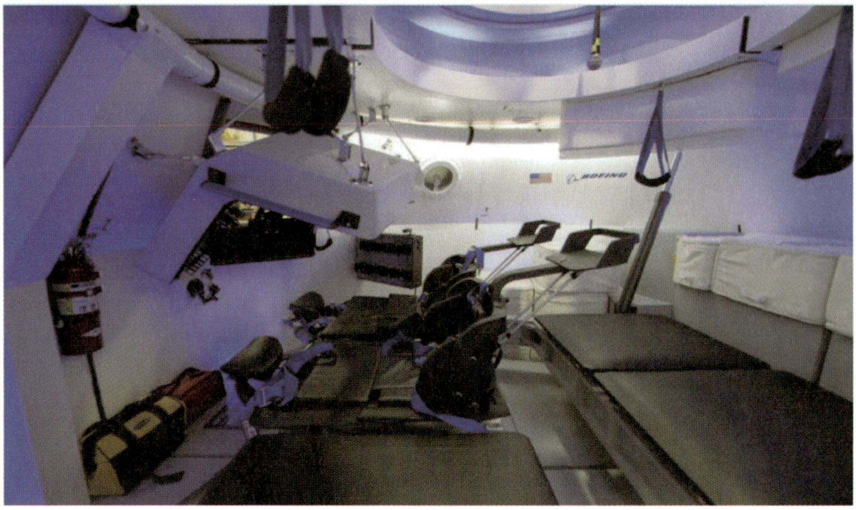

图 1-17　NASA 色光对乘员的影响研究

图片来源：博科园. 面向 21 世纪的太空出租车：波音“星际航线”载人飞船[EB/OL]. (2018-08-08)[2025-03-01]. https://www.163.com/dy/article/DONJJ1IU0511ATFD.html.

空间环境航天产品的色彩设计研究与应用主要体现在场所或位置定向、心理功能强化和审美需求等方面。在缺乏重力的空间，利用色彩设计指示出一个清晰的居住舱垂直结构，可作为应对空间居住舱里空间定向和导航障碍的一个有效策略。在心理强化功能方面，Raybeck 提出应在工作区使用令人兴奋的颜色（如红色、橙色、黄色），在休息区则应使用令人宁静的颜色（如绿色、蓝色）。NASA 埃姆斯研究中心则以“功能美学”为主导，对空间封闭环境包括色彩、绘画、照片等主题和布局提出了建议。图 1-18 所示为 NASA 的多功能电子显示系统（MEDS）。

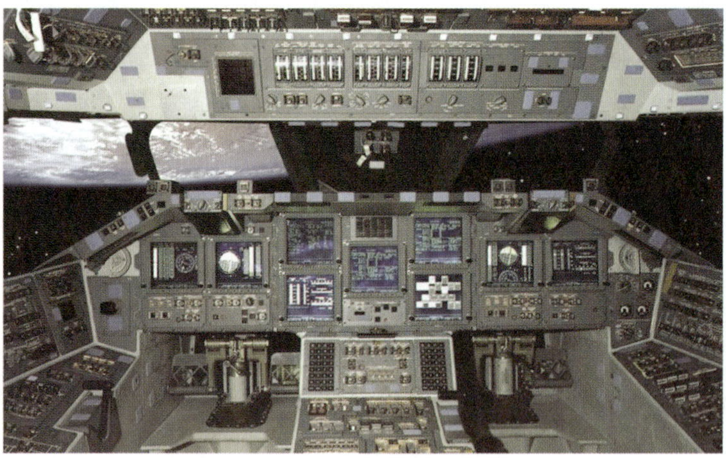

图 1-18　多功能电子显示系统（MEDS）

图片来源：HAYASHI M，HUEMER V，RENEMA F，et al. Effects of the space shuttle cockpit avionics upgrade on crewmember performance and situation awareness[C]//Proceedings of the Human Factors and Ergonomics Society 49th Annual Meeting. Santa Monica，CA：Human Factors and Ergonomics Society，2005：54-58.

一项研究发现，黄色和棕色会增加恶心感，导致呕吐，而蓝色则有助于减缓这种感觉。[7]这些发现支持了颜色对行为的影响，并建议航天器内避免使用黄色。有研究还表明，颜色偏好和情绪状态与特定颜色直接相关，因此有专家建议在航天器不同区域使用特定色调。

色彩在心理感知与情绪调节中发挥着重要作用。研究表明，不同颜色可引发不同的情绪反应：红色常引起兴奋与警觉，蓝色带来平静与放松，黄色激发愉悦情绪，绿色传递安宁。这种作用机制可能通过视觉通路（如视网膜的颜色感知）或非视觉通路（如神经内分泌反应）发挥影响。值得注意的是，色彩与情绪之间的关系具有文化差异性，如红色在某些文化中象征喜庆，在有些文化中则关联危险或警示。

色彩心理学还关注色彩对感知、认知和联想的影响。暖色调（如红、橙、黄）常与活力、温暖、亲近等正面情绪相关，冷色调（如绿、蓝、紫）则易产生宁静、理性和距离感。色彩的明度、纯度和对比度在心理感知中具有显著作用：高明度色彩显得轻盈、开阔，低明度则显得沉稳、压抑；高纯度和高对比的配色可产生强烈的视觉刺激，增强感官体验，如图 1-19 所示。

绿色系	蓝色系	红色系	橙色系	黄色系	紫色系	无彩色系
生机、春意 舒缓视觉 财富	沉静、安稳 广阔浩瀚 清凉、冰冷 科技感	热情、大方 喧闹嘈杂 危险的	活泼好动 有食欲 有趣、创造	明亮 活泼朝气 警示	神秘、高贵 温柔 沉稳安静	严谨专业 相容度高 神秘

图 1-19 色彩心理感知

此外，色彩能够引发具体联想，如红色常与血液、激情相关，绿色令人联想到草地、自然与生命。这些联想受到文化背景、个体经验与心理状态的影响，表现出明显的个体差异性。色彩的心理感知还包括轻重感、冷暖感与空间感等维度，不同材质和配色方式也会影响视觉体验与情绪反应。实验研究进一步表明，环境中色彩变化可显著影响人的情绪状态和感知评价，对空间设计、产品外观与用户体验具有积极作用。

1.4.4.1 轻重感

轻重感，即颜色影响了人们对于物体质量的判断。一般来讲，明度和纯度越低的物体给人的质量感越重。黑色和白色属于中性色，它们不易分出冷暖，但有明显的轻重之分，黑色给人很厚重的感觉，白色给人轻于鸿毛的感觉。一般来说，明度不强的色彩都属于重色彩，明度强的色彩都属于轻色彩，如图 1-20 所示。

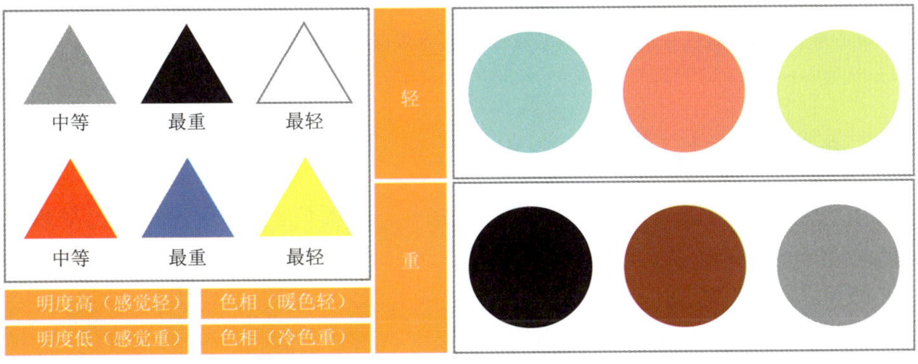

图 1-20 色彩的轻重感

1.4.4.2 冷暖感

色彩的温度感受由色相决定，暖色（如红、橙、黄）带来温暖、热情和刺激感，冷色（如蓝、青）则带来寒冷、清爽和收缩感。红色令人联想到太阳或火，蓝色令人联想到海洋或天空（图 1-21），绿色为中性色。色彩的冷暖对比在设计中极为重要。

图 1-21 色彩的冷暖感

图片来源：历史有话说. 贝加尔湖—西伯利亚深邃的明眸[EB/OL]. (2021-11-18)[2025-03-01]. http://www.360doc.com/content/21/1118/13/77756778_1004709390.shtml. xyjfcbm-yj.

课题组自绘.

1.4.4.3 空间感

色彩某些时候会给人造成空间上的错觉，比如距离的远近、体积的大小等。色彩的空间感指的是在色彩对比过程中，由于显现与隐现现象的交互作用，视觉上产生的空间距离感知差异（图 1-22）。红、橙、黄等暖色使人感到近，而蓝、青、紫等冷色使人感到远；明度低的色彩使人感到远，明度高的色彩使人感到近；纯度低的色彩使人感到远，纯度高的色彩使人感到近。

图 1-22 色彩的空间感

图片来源：平面设计. 色彩搭配调和技巧！让画面不突兀[EB/OL]. (2020-06-28)[2025-03-01]. https://zhuanlan.zhihu.com/p/151195238.

解心读意. 读心术：不同的颜色有不同的含义，通过颜色读懂内心[EB/OL]. (2021-03-19)[2025-03-01]. http://www.360doc.com/content/21/0319/22/73044426_967877070.shtml.

1.4.5 色彩设计对认知功效的影响

色彩在信息编码中因其可编码性、识别度和区分度而广泛应用于可视化呈现。格式塔理论认为色彩是有效的视觉因素，尤其在航空航天、空中交通等领域，色彩编码在数字显控界面中至关重要。色彩可引导注意力，创建层次化展示并凸显重要信息，且与心理感受相关，能够令人产生心理联想。在复杂信息系统中，色彩编码比形状编码更具视觉认知优势，能提升界面美感，如航天飞机中的彩色液晶显示屏能有效减少航天员的分析时间（图 1-23）。

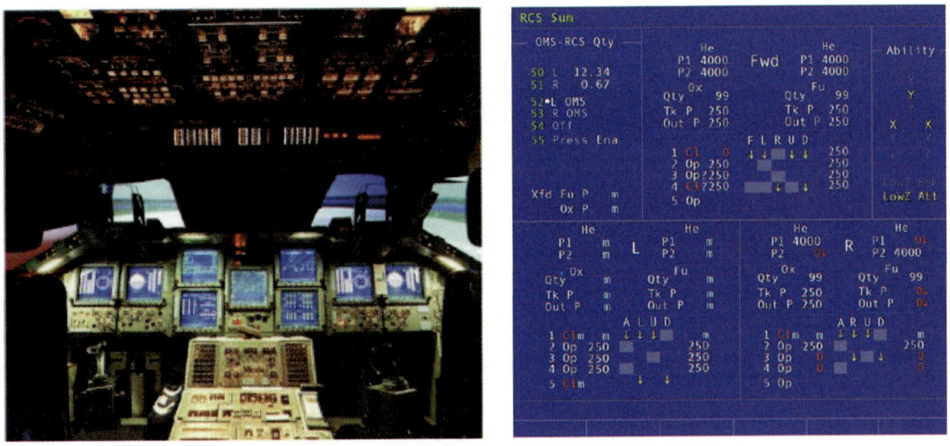

图 1-23 航天飞机驾驶舱与液晶屏幕上的色彩编码

图片来源：lyw001. 军用飞机驾驶舱[EB/OL]. (2010-12-29)[2025-03-01]. https://a. xcar. com. cn/bbs/thread-13735761-0-2. html.

MCCANDLESS J, HILTY B, MCCANN R. New displays for the space shuttle cockpit[J]. Ergonomics in Design, 2005, 13: 15-20.

在信息编码中，色彩作为一种直观且重要的元素，广泛应用于可视化呈现。其基本属性色相、明度和饱和度在界面设计中起着关键作用。研究表明，色彩的不同属性对用户的视觉感知和认知绩效有显著影响。例如，Laar 指出，颜色可以增强视觉上的显示分割，提供有效的视觉线索[8]。Wu 和 Yuan 分析了色相、明度和饱和度在“前景—背景”搭配中的认知效果[9]。Dennis 强调颜色感知结构可以构建视觉优势，通过层次化颜色组合促进信息的重要性排序[10]。张杰等发现，在黑色背景上，随着目标与背景间色差的增大，反应时间表现出渐慢的趋势[11]。李晶和薛澄岐的研究表明暖色调的视觉显著性强于冷色调，而冷暖色调在不同的明度和饱和度下，对视觉显著性的影响不同[12]。胡泽铭通过事件相关电位（event related potential，ERP）行为实验探究了色彩属性对受试者的影响[13]，发现相对于明度和饱和度的变化，色相的改变对受试者产生的影响作用最强。白婷在其研究中指出，在使用色相角为 120°作为目标色的前提下，不同饱和度和明度有着不同的绩效表现[14]。

1.5 航天器色彩设计范围

在航空航天领域，工业设计的美学主要应用于航天器内部，特别是飞行甲板和舱室等人机交互部分。由于太空环境缺乏人类存在，外部设计的美学影响有限。因此，航天器内部的工业设计在太空探索中发挥着重要作用。

1.5.1 按区域划分

载人航天器是航天员在太空生活和工作的重要基地，它必须为航天员提供适宜的居住环境，配备必要的运动、娱乐和生活设备，同时对其进行全方位的医疗监管和保障。为了保证航天员的健康生活和有效工作，我国载人航天总体确定载人航天器人机界面是需为航天员提供工作、休息、卫生、就餐和健康保障[15]。图 1-24 所示为天和核心舱不同功能的分区展示。

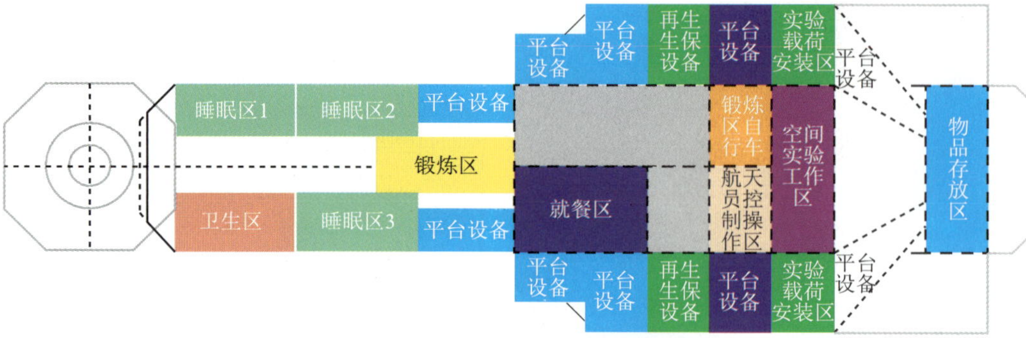

图 1-24　天和核心舱不同功能分区

色彩在载人航天器设计中对航天员的工作效率和心理状态有重要影响。研究表明，色彩可帮助航天员提高工作效率，调整身心状态，提升心理舒适度。类似的应用也见于船舶设计，冷色调有助于降低噪声和热量影响，营造舒适环境。冷色使空间感知更宽敞，暖色则显得更狭窄。这些研究为航天器内部色彩设计提供了参考，强调了色彩在优化工作和生活体验中的作用。图 1-25 所示为中国空间站天和舱内部的环境展示。

图 1-25　中国空间站天和舱内部环境

图片来源：航空制造网．太空实验室里究竟有什么，又如何在太空中开展实验？[EB/OL]．(2021-07-28)[2025-03-01]．https://www.163.com/dy/article/GG0QI9J3051198M2.html.

1.5.1.1　工作区色彩分析

航天员的工作包括设备维护、会议参与和应急操作等。为此，航天器需设有专门的工作区（图 1-26）。色彩设计对人类情绪、心理和工作效率有重要影响，尤其在受限环境中。因此，合理搭配色彩，特别是明度差异大的彩色组合，有助于提升航天员的愉悦度和缓解视觉疲劳。目前，关于航天器色彩设计的研究较少，本书将探索如何通过色彩优化舱室和界面设计，提高航天员的工作效率和维护其身心健康。

图 1-26 航天器工作区

图片来源：中科科界. 航天员在太空呼吸的氧气从哪来？[EB/OL]. (2022-02-11)[2025-03-05]. https://zhuanlan.zhihu.com/p/466157969.

不同区域需根据工作需求配置色彩。工作区的色彩应选用能带来正面情绪的色调，以缓解航天员的焦虑和疲劳。研究表明，合理的色彩配置能减轻视觉疲劳。机舱内需提升亮度感并使用冷色调来降低温度感，而顶棚使用白色有助于安定航天员情绪，提高其工作效率。此外，警示功能区域应使用红色，因其鲜艳刺激能快速引起航天员反应。美国航天器常用白色与蓝色搭配，后续设计需根据实际情况调整以满足航天员工作与情绪需求。

1.5.1.2 休息区色彩分析

航天员的睡眠活动包括展开和固定寝具、脱衣、更换睡衣、调节照明等，紧急情况下可接收报警信息并及时醒来。睡眠区应提供独立、私密的空间，保证安静舒适，并具备照明、存储和收纳功能，支持与地面的通信以及接收报警信息。图 1-27 所示为天和核心舱睡眠舱。

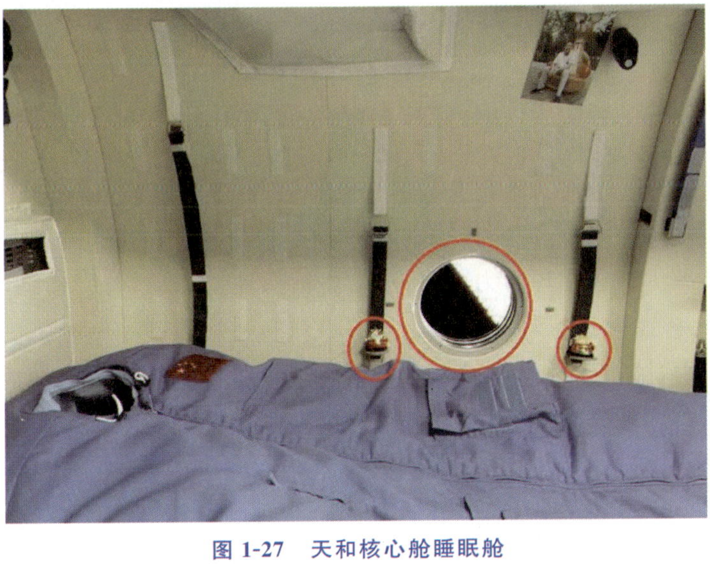

图 1-27 天和核心舱睡眠舱

图片来源：科普 Room. 神秘床位曝光，太空实验舱有何独特设计？站着睡觉还是倒挂着？[EB/OL]. (2024-03-04)[2025-03-01]. https://www.163.com/dy/article/ISE886S2055354C7.html.

航天员的娱乐休息活动包括阅读、听音乐、与家人交流等，在此期间还需监控航天器关键数据并处理紧急情况。载人航天器的休息区需要提供适宜的环境，包括可调照明和充足的存储空间，同时支持娱乐设施的电力与信息保障[15]。

NASA 研究表明，不同频谱的光对航天员的睡眠有影响，色彩设计也可用于调节情绪并改善睡眠质量[16]。例如，红色可加速血液循环，而蓝色则有镇静、放松的效果[17]。色彩可调节航天员的生理和心理状态，能够有效维持其正常的生活与工作。

1.5.1.3 卫生区色彩分析

航天员的卫生活动包括大小便、日常和定期清洁。大小便活动涉及准备、使用收集设备、清洁及密封处理；日常清洁包括洗脸、刷牙、剃须等；定期清洁如洗头、理发等，剃须和理发的废弃物需收集。图 1-28 所示为国际空间站星辰号服务舱卫生区色彩设计。

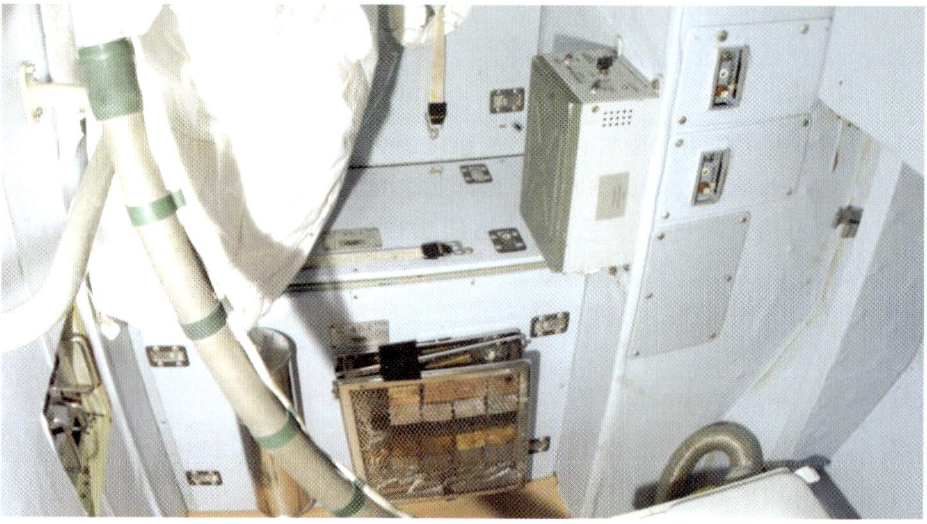

图 1-28 国际空间站星辰号服务舱卫生区色彩设计

图片来源：神秘的地球．宇航员在太空中如何上厕所[EB/OL]．(2013-09-06)[2025-03-05]．http://www.uux.cn/news/50999.html.

卫生区需提供独立、密闭的空间，并具备除臭、可调照明、存储卫生用品和垃圾袋、供电保障等功能[15]。色光环境影响航天员的生理和心理状态，进而影响其任务效率。由于空间站卫生区空间较小，而合理的色彩设计能有效减轻空间狭窄、昏暗的压抑感，并提升舒适度。暖色调带来温暖、积极的感受，而冷色调则可能引发压抑感。通过色彩设计，能够改善航天员的卫生体验，缓解生理和心理压力，支持正常生活活动[18]。

1.5.1.4 就餐区色彩分析

航天员的就餐活动包括食品存取、餐前准备、用餐和餐后清洁等。航天员从货运飞船搬运食品至就餐区，按属性分类存储，并进行餐前准备。用餐期间，航天员可接收报警信息并临时调整食品。餐后会清洁餐具、餐桌，处理垃圾和残渣。图 1-29 所示为中国航天员在中国空间站内就餐的场景。

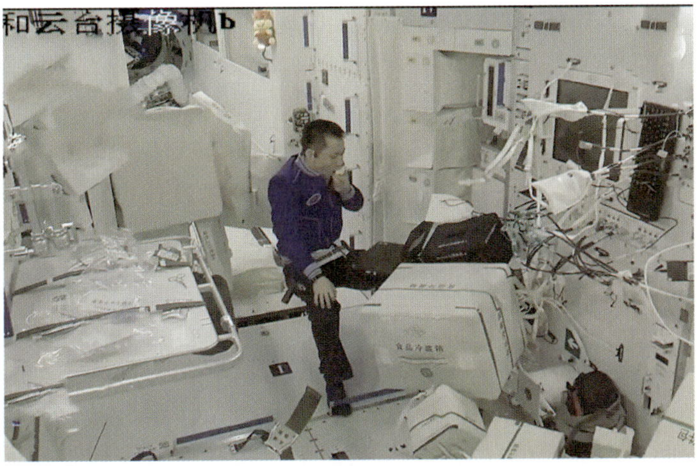

图 1-29 中国航天员在中国空间站内就餐

图片来源：美食快聊. 航天员太空吃播，太空食谱亮点多，太空香粽保留最后的倔强[EB/OL]. (2021-06-24)[2025-03-05]. https://baijiahao. baidu. com/s? id=1703463446997174341.

航天器就餐区需提供充足空间和基本功能[15]，失重环境可能引发生理反应，色彩能显著影响食欲[19]。暖色(如红色、橙色、黄色)促进食欲，红色尤其有效[20]。蓝色等冷色会使食物显得不新鲜。设计中，舱壁可用低饱和度、高明度色彩，而餐具采用高纯度的红色、橙色等色彩，以提升食欲体验。

1.5.1.5 健康区色彩分析

航天员的健康保障活动包括锻炼、在轨清洁和医监医保。锻炼包括跑步、抗阻锻炼等；在轨清洁包括餐桌、餐具、卫生区等的清洁与消毒；医监医保涵盖日常身体监测、疾病诊断、治疗和紧急救治。图 1-30 所示为航天员在空间站内锻炼的场景。

图 1-30 航天员在空间站内锻炼场景

图片来源：知识分享社区. 航天员的太空生活揭秘：为什么在太空中锻炼身体是必须的[EB/OL]. (2023-05-24)[2025-03-01]. https://www. 163. com/dy/article/I5HH7HAT0537LX14. html.

载人航天器需提供专门的锻炼区和医监医保区，具备足够活动空间、照明、环境清洁与消毒、设备存放和紧急使用等功能[15]。医监医保时需要天地通信与图像传输保障。航天员的身心健康不仅体现了设计中人性化的考量，更与航天员的工作质量、工作效率等密切相关[21]。色彩设计对航天员的身心健康至关重要，研究表明红色能刺激情绪和加速血液循环，而蓝色能帮助冷静、平稳情绪。因此，健康区域的色彩设计应合理分区，突出运动功能，并适当使用冷色调调节不同活动间的影响[22]。

1.5.2 按功能划分

在上述所说的不同舱室中，要进行色彩设计的公共部位是地板、天花板、接口板、机架、柜面等。如 NASA 在 2001 年给出的规范文件"International Space Station Interion Color Scheme"(《国际空间站内部配色方案》)[23]，其定义了将在所有美国加压元件内部使用的配色方案，这些方案建议适用于空间站的所有可居住元素。总结该规范中实验舱、生活舱、节点舱和观测舱中的配色方案，可以得出舱室内配色基本以白色为主，蓝色为对比色，明度较高，彩度较低，可扩大视觉空间见表 1-1。而不同舱室的接口板配色基本各不相同，以便于航天员在空间站中快速定位。因此，可以得知对于同一部件或区域，在不同的功能需求下，其配色也随之不同。

表 1-1　美国实验室模块颜色和饰面

硬件描述	颜色	饰面	规格编号
上支座面板	白色	半光泽	27925(1)
下支座面板	蓝色	半光泽	25102(1)
前端锥体封闭面板	非白色	半光泽	27722(1)
后端锥体封闭面板	浅蓝色	半光泽	L70 G2 B3(2)
端锥体倒角面板(前和后)	蓝色	半光泽	25102(1)
端锥体隧道面板(前部和后部)	非白色	半光泽	27722(1)
舱口(暴露于过道的表面)	透明阳极氧化	半光泽	没有

注:(1)馈电标准:美国联邦标准 595 色卡。
(2)彩色曲线图。

色彩研究在改善航天器单调的视觉环境过程中起着关键作用，同时也发挥了定位、宽敞性、方向性和识别性方面的功能作用。

1.5.2.1 环境色

环境色彩决定了舱内的生活工作气氛，要求宽敞、庄重和比较严肃，同时又需兼顾航天员长时间封闭式生活的需要。因此，主色调应体现柔和舒适的特性。图 1-31 所示为国际空间站日本实验舱室。

来自 Skylab 和 Salyut 经验的轶事信息表明，机组人员在最初调整到微重力环境时倾向于建立自上而下的方向。这种效果在 NASA 的"太空实验室"空间站中尤为明显，该空间站有明确的地板和天花板结构。航天飞机上太空实验室工作人员活动的视频记录显示，当工作人员四处走动时，他们也同样坚持直立的身体方向。

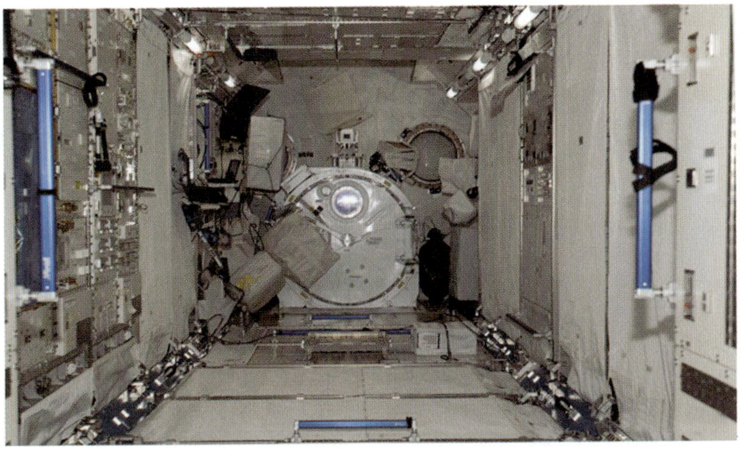

图 1-31　国际空间站日本实验舱室

图片来源：苏霍伊爱好者．咱的空间站也开始杂乱起来了？运行十几年，最整洁的是日本希望号[EB/OL]．(2021-11-27)[2025-03-01]．https://baijiahao.baidu.com/s?id=1717546693896816073&wfr=spider&for=pc.

1.5.2.2　操作界面色彩设计

人机控制界面是人机交互系统中航天员对航天器实施操作、控制与管理的重要媒介。根据载人飞船中航天员的操作需求及控制对象的不同，该界面通常支持 4 项基本功能：信息显示、控制操作、故障监测与处理以及系统管理与任务支持。

航空装备中控制器的编码应保持一致。操作人员应易于辨别控制器，并能根据控制器的颜色、尺寸、形状、位置和标记等编码方式分辨各控制器。信息显示界面中的常用颜色见表 1-2。

表 1-2　信息显示设计常用颜色

颜色	相关意义	对比度良好的颜色
红	不安全、危险、警告	白
黄	易爆、注意、异常	黑、深灰
绿	安全、满意、正常、打开	白
黑、灰	作为背景	白、黄

航空装备视觉信息显示在使用各类颜色时应满足：

①应将颜色编码的数目限定在提供必要信息所需的最低程度。

②一旦赋予某种颜色特殊的用途或意义，不应再为同一目的使用其他的颜色。

③当操作人员必须快速区分几种不同类别的数据时，同类数据应使用同一种颜色显示。

④当需要吸引操作人员，使其注意关键数据时，应使用较亮或较饱和的颜色。

⑤当采用颜色编码对显示的数据进行分组或凸显时，所有颜色彼此间都应易于区分。

⑥在预期的一切环境照明条件下，显示符号与相对背景的颜色应易于区分。

⑦不宜同时搭配使用红色和绿色两种颜色。

⑧应避免在一个暗(黑)色背景上同时显示纯红和纯蓝两种颜色。

1.5.2.3　警示色

危险、警告和预警、应急使用标识是为在合适的环境中传达关键信息。危险标识应用于对乘员或设备有危险的设备或组件。通常,警告和预警标识以黄色和黑色斜线条的使用为特征,这些标识用于舱内活动;金色和黑色用于舱外活动,如图 1-32 所示。

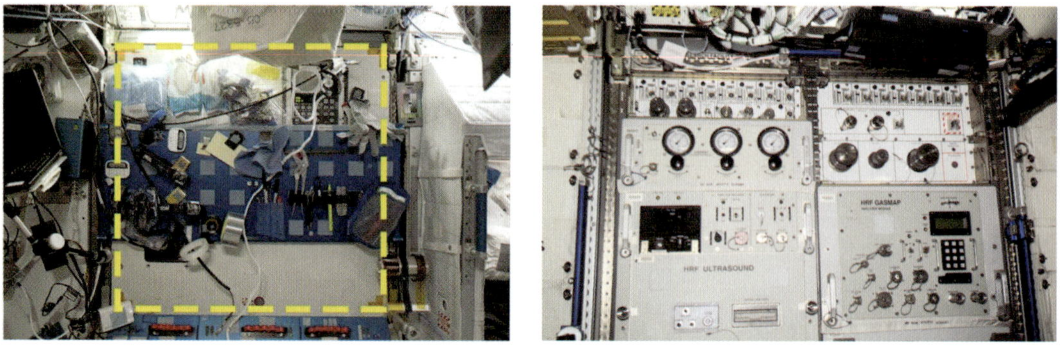

图 1-32　警示色在空间站中的应用

图片来源:cnBeta.COM.国际空间站上的“考古”工作:历代宇航员的秘密习惯被相机拍下[EB/OL].(2024-08-08)[2025-03-01].https://www.163.com/dy/article/J92QVC450511BLFD.html.

NASA.HRF rack in Destiny module[EB/OL].(2010-08-05)[2025-03-05].https://www.dvidshub.net/image/840264/hrf-rack-destiny-module.

1.5.2.4　装饰色

首先,由于主色调外的其他颜色主要起标识编码、点缀装饰的作用,因此它们应与主色调协调而不冲突。其次,用于标识编码、点缀装饰的颜色必须与主色调或背景色有较大的反差,这样才能鲜明,但着色面积不能太大,应与主色调兼容,这样既不冲突主色调又能够使标识集中明确,同时符合美学要求。

图 1-33 所示为国际空间站节点舱中把手的颜色,与周围大面积的白色形成对比,同时能很好地融入整体色调,以便于航天员在该舱室能迅速定位并抓住各个把手。

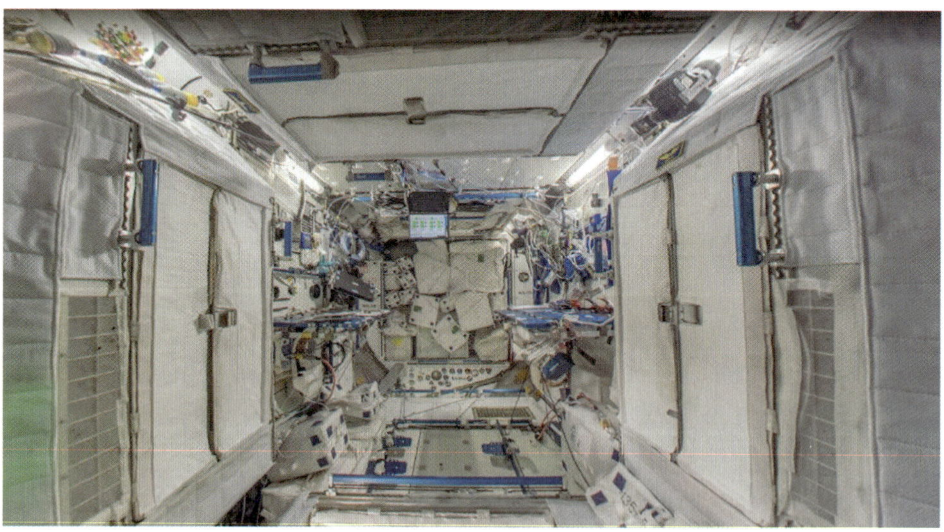

图 1-33　国际空间站节点舱

图片来源:超能网.谷歌街景更新国际空间站,带你看看宇航员的家有多乱[EB/OL].(2020-10-28)[2025-03-01].http://www.360doc.com/content/20/1028/19/72127748_942860799.shtml.

参考文献

[1]李海燕. 基于颜色主波长和补色波长的比色法定量检测[D]. 太原：太原理工大学，2016.

[2]杨康叶，邬春学. 基于 RGB 模型颜色相似性的彩色图像分割[J]. 计算机系统应用，2013，22(3)：128-131，160.

[3]汤一平，吴立娟，周静恺. 主动式三维立体全景视觉传感技术[J]. 计算机学报，2014，37(6)：1289-1300.

[4]LIU Y，SOURINA O，NGUYEN M K. Real-time EEG-based emotion recognition and its applications [M]//Transactions on computational science Ⅶ. Berlin：Springer，2011：256-277.

[5]JACOBS K W，HUSTMYER F E. Effects of four psychological primary colors on GSR，heart rate and respiration rate[J]. Perceptual and Motor Skills，1974，38：763-766.

[6]艾敏，刘玉红，漆晓红，等. 颜色对人体生理和心理的影响[J]. 中国健康心理学杂志，2015，23(2)：317-320.

[7]王文恬. 基于儿童感知觉心理效应的幼儿园室内空间色彩研究[D]. 天津：天津科技大学，2020.

[8]LAAR D L V. Color coding with visual 1ayers can provideperform ance enh ancements in control room displays[C]//Proceedings of People in Control. International Conference on Human Interfaces in Control Rooms，Cockpits and Command Centers，Manchester，United Kingdom，2001：481.

[9]WU J H，YUAN Y F. Improving searching and reading performance：the effect of highlighting and text color coding[J]. Information and Management，2003，40(7)：617-637.

[10]DENNIS M P. Perceiving hierarchy through intrinsic color structure[J]. Visual Communication，2008，7(2)：199-228.

[11]张杰，高子童，刘旭峰，等. 不同颜色视标对黑背景色的认知绩效比较研究[J]山西医科大学学报，2011，42(7)：542-550.

[12]李晶，薛澄岐. 基于视觉感知分层的数字界面颜色编码研究[J]. 机械工程学报，2016，52(24)：201-208.

[13]胡泽铭. 数字界面视觉信息认知 ERP 实验研究[D]. 南京：东南大学，2015.

[14]白婷. 头盔瞄准界面色彩的认知工效学研究[D]. 南京：东南大学，2015.

[15]胡添元，许成鑫，魏传锋，等. 基于系统工程的载人航天器人机界面总体设计方法[J]. 航天器环境工程，2017，34(1)：76-80.

[16]陈善广，姜国华，王春慧. 航天人因工程研究进展[J]. 载人航天，2015，21(2)：95-105.

[17]李振升. 卧室环境与高质量睡眠关系的探究[J]. 遵义师范学院学报，2017，19(3)：153-156.

[18]袁枝亭. 基于眼动追踪技术的卫浴空间色彩视觉舒适度研究[D]. 景德镇. 景德镇陶瓷大学，2021.

[19]李沐航. 视觉和嗅觉对消费者味觉感知的影响研究[D]. 长沙：湖南大学，2014.

[20]郝焕焕，宋润民. 环境空间中色彩对人产生的心理暗示作用[J]. 艺海，2021(3)：71-73.

[21]周雪翠. 船舶舱室健身环境构建研究[D]. 哈尔滨：哈尔滨工程大学，2017.

[22]王虹卉. 色彩在健身空间中的设计应用研究[D]. 长春：吉林体育学院，2017.

[23]NASA. International Space Station Interior Color Scheme，NASA. SSP 50008[Z]. Space Station Program Office，Johnson Space Center，Houston，Texas Retrieved September 2008.

第 2 章　载人航天器色彩设计方法与流程

2.1　载人航天器工业设计方法

2.1.1　载人航天器设计方法与流程

2.1.1.1　人-系统整合设计流程

人-系统整合设计流程(human integration design processes，HIDP)是一种以人为中心的设计(human-centered design，HCD)方法。该流程以使用者需求为出发点，强调可用性作为人本设计的核心要素。HIDP 结合方法论与实践，提供了一套系统化的设计流程，旨在指导和规范载人航天器的研发工作，以实现高效的人-系统整合与适应性目标。本节所述的以人为中心的设计活动专门针对载人航天器进行，其中用户通常被定义为“乘员”或“乘组”。该设计流程包括 3 项核心活动，且这些活动在反馈回路中不断迭代，如图 2-1 所示。

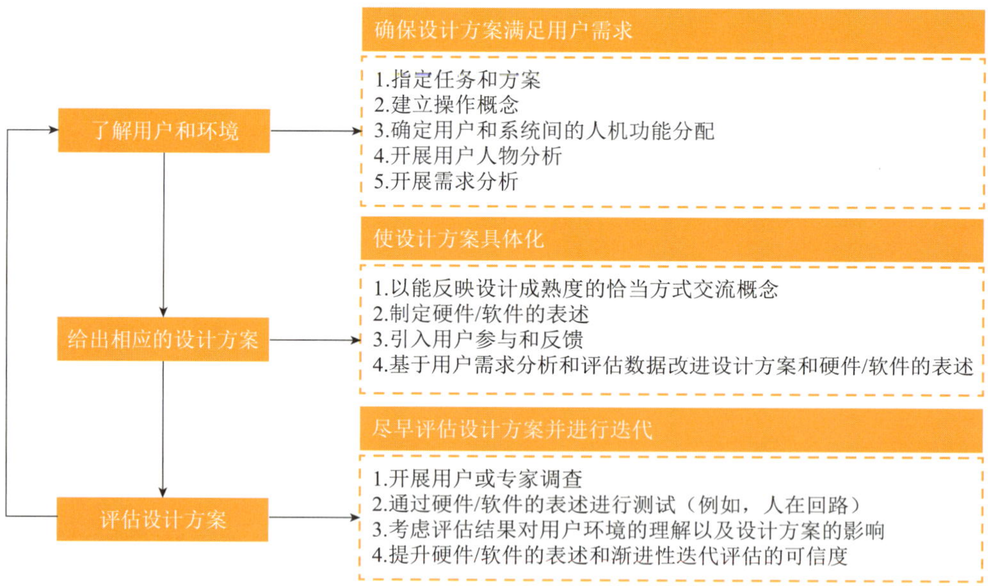

图 2-1　HCD 活动示意

2.1.1.2　基于系统工程的载人航天器人机界面总体设计方法

在密封舱狭小空间内，人机界面设计的优劣直接影响航天员身心状态与任务完成的安全性。在当前设计模式中，总体与分系统间的层级概念过强，导致分系统难以从顶层任务角度优化设计方法。针对这一系统性缺陷，中国航天员训练中心胡添元等人[1]将系统工程方法融入设计过程，提出一种基于系统工程的载人航天器人机界面总体设计方法。

系统工程方法是从需求出发，综合各种专业技术，以求开发出满足使用要求、整体性能优化的系统。系统工程方法强调总体设计，遵循研制程序，以及反复应用的分析—设计—验证过程（系统工程过程）[2,3]。系统工程方法对于载人航天器色彩设计与工程分析具有较好的指导意义，具体流程如图 2-2 所示。

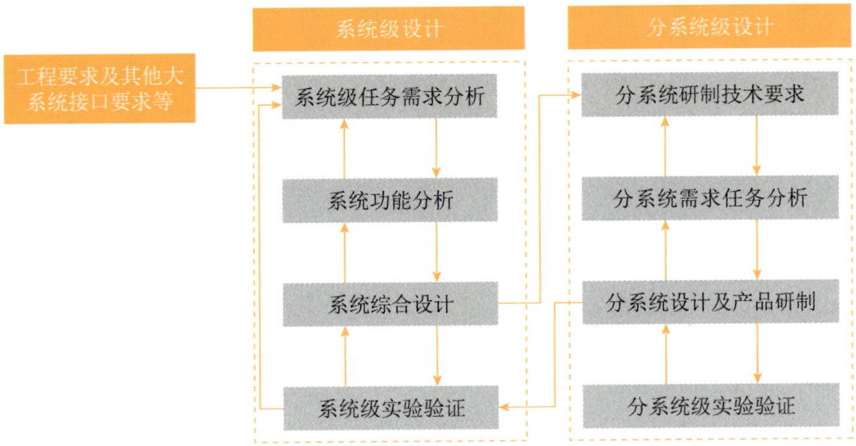

图 2-2　基于系统工程的载人航天器人机界面综合设计方法流程

2.1.2　以人为中心的工业设计流程与方法

本节将介绍工业设计领域的相关理论与方法，包括马斯洛需求层次理论、用户体验理论、以人为中心的设计理论以及相关产品设计方法与流程。

2.1.2.1　马斯洛需求层次理论

马斯洛需求层次理论由亚伯拉罕・H. 马斯洛（Abraham H. Maslow）于 1943 年提出，揭示了人类需求从基础生存向高阶发展的递进规律，其五层金字塔模型包含生理、安全、社交、尊重及自我实现需求，如图 2-3 所示。马斯洛需求层次具有 3 个典型特征：①基础需求是高层次需求的基础；②呈波浪式递进发展；③各需求层次间相互影响。

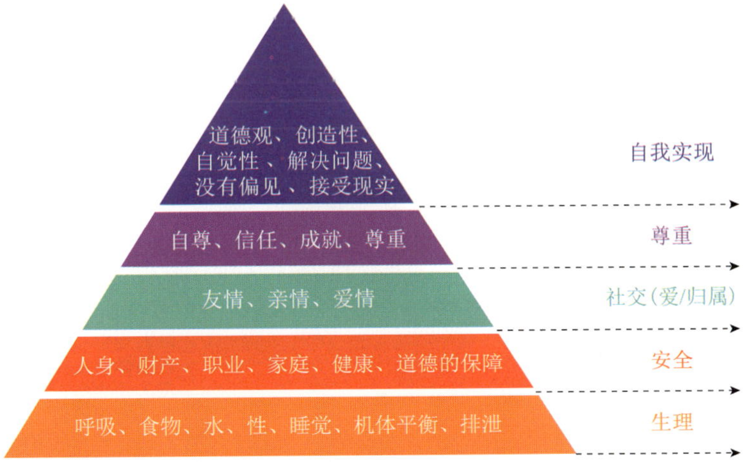

图 2-3　马斯洛需求层次理论

2.1.2.2 用户体验理论

用户体验概念由唐纳德·A. 诺曼(Donald A. Norman)于1995年提出[4],经ISO 9241—210标准定义为用户对系统使用产生的感知与反应,涵盖使用前、中、后的主观感受及品牌、功能、环境等影响因素。用户体验由用户生理和心理体验构成,包含视觉吸引、功能操作及产品引发的情感体验,需通过理性方法优化以增强用户黏性。

情感化设计(emotional design)一词由诺曼提出,正如人类需求一样,产品特质也可以被划分为本能层、行为层、反思层这3个层面,如图2-4所示。用户体验的设计要把这3个设计层次统一起来,形成整个产品的使用体验。

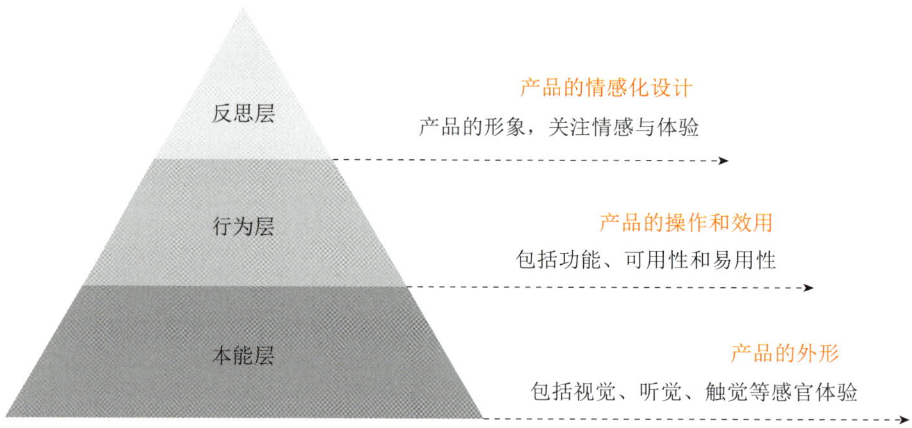

图2-4 用户体验理论三层次模型

2.1.2.3 以人为中心的设计理论

以人为中心的设计是将人作为设计核心,关注从生理到心理及个性化的多层次需求。其流程以用户为中心,贯穿全生命周期,借助认知心理学、行为学等学科,通过反复研究和反馈优化体验。用户既是问题提出者,也是解决方案的参与者和最终受益者。以人为中心的设计围绕以下原则展开:明确用户和使用方式、用户与技术间的功能分配、用户的反馈意见、多学科领域合作,如图2-5所示。

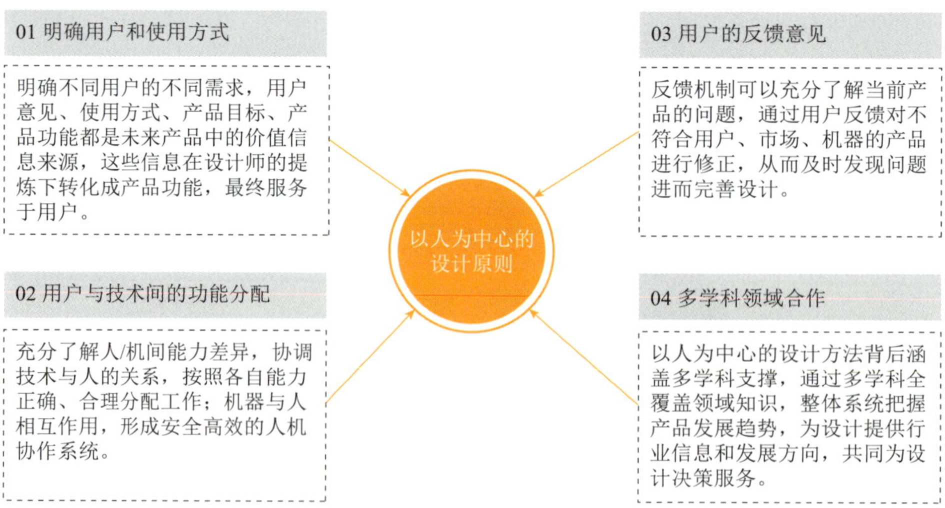

图2-5 以人为中心的设计原则

2.1.2.4　以人为中心的产品开发的一般流程

传统的新产品开发流程一般包括项目立项、方案确定、细节确定、工艺设计、细节考察和销售信息反馈分析 6 个阶段，具体流程如图 2-6 所示。

工业设计是产品开发流程中的子流程，与产品开发并行，贯穿整个新产品开发。根据其作用，工业设计流程可分为 4 个阶段：构想产生与筛选、概念设计与选择、详细设计与评价、样机制作与综合评价。

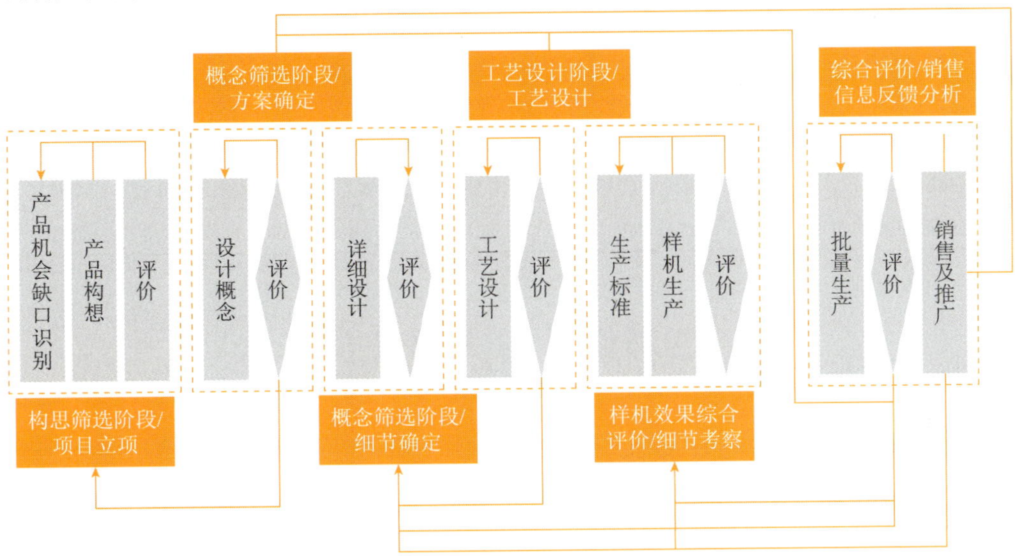

图 2-6　产品开发的一般流程

2.1.2.5　IDEO 的创新设计流程

IDEO 致力于产品开发，其设计的宗旨是站在人的立场考虑设计产品，这种理念强调的是以人为中心的设计方法[5]。围绕以人为中心，IDEO 开发了新的设计流程——HCD 模型，其设计流程如图 2-7 所示。

聆听 Hear	在听这个阶段，设计小组收集好用户的故事，保存好灵感。主要是做好筹备以及进行实地研究等具体工作。
创造 Creat	在创造阶段，组员以研讨会的形式进行团队合作，通过分析自己听到的来设计大框架、解决方案和原型。在这个阶段，团队成员的合作将从具体转为抽象，通过抽象思维确定主题和寻找解决问题的机会，最后再返回到具体的解决方案和原型。
交付 Deliver	在交付阶段，团队通过快速低成本建模、能力评估、执行计划3个方面去实现解决方案。

图 2-7　HCD 模型

2.1.2.6　通用设计

通用设计(universal design)最早由美国学者罗恩 · L. 梅斯(Ronald L. Mace)教授提出，强调设计应为多数群体所接受[6]。其又称普世设计或全方位设计，指产品无须修改或特殊设计即可供大部分人使用，强调无差别使用。通用设计并非满足所有用户需求，而是尽可能地满足大多数用户需求。

通用设计常采用的七大原则由美国北卡罗来纳州大学通用设计中心构建，见表 2-1。

表 2-1 通用设计原则

原则	内容
使用的公平性	设计应该尽可能提供给不同能力使用者相同或相似的使用方式
使用的灵活性	设计应结合不同用户群体的喜好和能力
使用的简单直观性	设计的产品容易理解，不受使用者的经验、知识、技巧等能力限制
信息的可感知性	包容用户感知能力和所处环境的差异性，能有效传达必要的信息
信息的容错性	用户操作错误或发生意外时，尽量减轻产品对用户造成的影响
低体力消耗	用户在使用产品时不需要耗费太多体力，能以较为舒适的方式进行操作
尺寸和空间的有效实用性	产品具有合理的尺寸和空间，对不同体形、行为能力障碍者等也是如此

2.2 色彩设计与人因评价方法

2.2.1 色彩设计流程与方法

色彩作为内饰与人机界面设计的关键要素，虽在意义识别上不如形态直观，但具备快速感知优势，可提升安全性，营造环境氛围，优化工作效率并促进情感交流。科学的色彩设计能强化人机亲近感，改善空间秩序，维护身心健康，同时对企业管理行为和人们消费行为产生积极影响。适度的色彩变化有助于维持健康感知，合理配色可提升操作效能。下面将介绍内饰环境设计和人机界面中典型场景的设计方法与流程，为载人航天器色彩设计体系构建提供理论基础。

2.2.1.1 内饰环境中的色彩设计

(1)建筑色彩设计的研究方法与设计步骤

建筑色彩设计需契合建筑功能特性并与环境协调，通过色彩学原理融合功能需求、环境条件及氛围营造，实现视觉舒适性。主要采用两种调研方法：实地考察调研法和心理调研法。

法国巴黎三度空间色彩设计事务所的色彩设计师让 · 飞利浦 · 朗科罗和日本 CPC 机构共同确立了一套色彩设计的方法，应用到建筑的色彩设计上时，可以参照以下 6 个步骤进行，如图 2-8 所示。

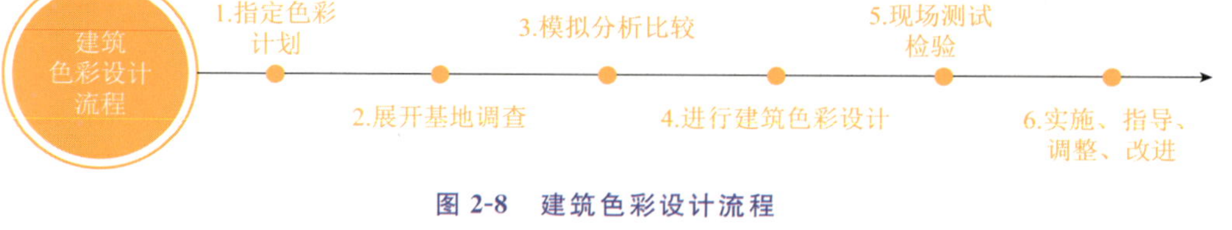

图 2-8 建筑色彩设计流程

(2)船舶舱室色彩设计的流程与方法

在现代船舶设计中，所有造型设计要素主要由机能决定，造型逐渐简化，而色彩则趋向丰富。不同航区和船舶类型对船体内装色彩的要求各异，装饰材料和涂装工艺等技术因素也是影响舱室色彩运用的重要因素。如何合理选择和搭配舱室色彩，形成融技术与艺术于一体的色彩设计体系，是现代船舶舱室设计的核心内容。船舶舱室色彩设计流程如图 2-9 所示。

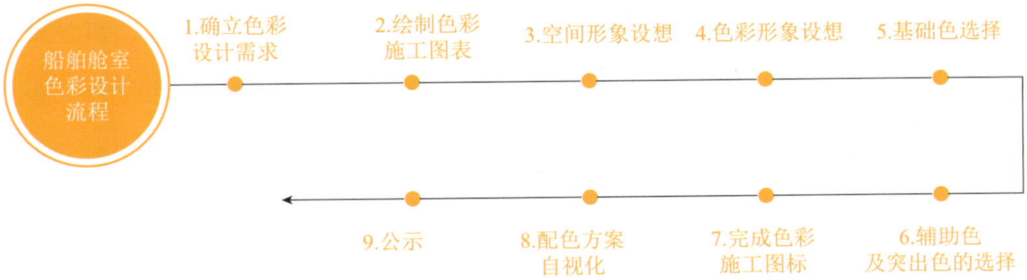

图 2-9 船舶舱室色彩设计流程

苏胜等[7]为缩短军用舱室色彩设计周期，解决色彩搭配随意问题，打造安全、高效的军用舱室色彩环境，基于色彩感知原理对军用舱室色彩设计要素及感性意象进行研究，形成了一套基于色彩感知的军用舱室色彩设计方法，如图 2-10 所示。

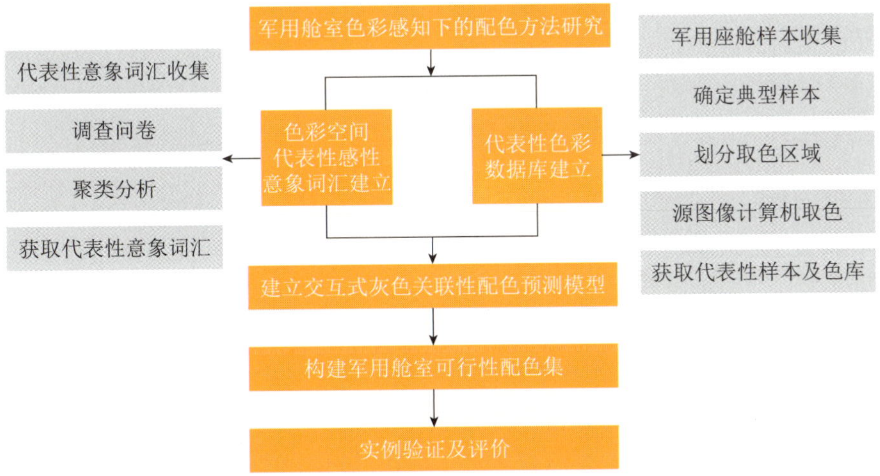

图 2-10 军用舱室色彩感知配色研究模型

船舶舱室色彩搭配总原则应体现和谐、舒适、朴实、庄重，特别将色彩对乘员心理、生理和工作效率的影响以及舱室功能使用要求作为重点来考虑。此外，还要考虑与我国目前人们生活水平和生活习惯相适应。综合国内外研究成果，舱室色彩搭配的原则可以总结为以下几个方面，如图 2-11 所示。

图 2-11 船舶舱室色彩设计原则

(3)汽车内饰色彩设计的流程与方法

汽车内饰色彩设计是一个专业且细致的过程,需要规范化的设计流程来减少不确定性,避免因经验不足而做不必要的重复工作,从而加快产品开发进度。在汽车造型阶段,规范的色彩设计流程应包括项目确立与色彩定位分析、色彩创意方案与评估、内外模型展示及色彩标准样板制作。汽车内饰色彩设计流程和操作方法见表 2-2。

表 2-2　汽车内饰色彩设计流程和操作方法

汽车内饰色彩设计流程	输入	输出
1. 色彩项目确立	项目市场定位 色彩需求分析 同类车色彩分析	色彩定位分析报告
2. 色彩创意方案	造型定位 色彩定位分析报告 最终效果图	内饰色彩创意方案 5 套
3. 色彩创意方案评估	内饰色彩创意方案	评估报告
4. 色彩创意方案调整	评估报告	内饰色彩创意方案 1～2 套
5. 内饰模型展示	内饰色彩创意方案	模型展示评估报告
6. 最终方案调整与确立	模型展示评估报告	最终内饰色彩创意方案
7. 色彩标准样本制作	最终内饰色彩创意方案	色彩样板 色彩管理文件(色彩编号与部件标注)

2.2.1.2　人机界面中的色彩设计

(1)舱室人机界面色彩布局设计流程与方法

舱室是执行任务的区域,集中显示仪表、操控器、信号和警报等终端界面。人机界面是操作者与设备沟通的主要通道,对系统运行安全至关重要。邓丽[8]从感性意象角度研究舱室人机界面色彩布局设计与评估,提出了适用于舱室界面的研究方法,借鉴了产品设计与色彩评估中的感性意象研究手段。舱室人机界面色彩布局设计流程和舱室环境色彩意象评估流程分别见表 2-3 和表 2-4。

表 2-3　舱室人机界面色彩布局设计流程

流程	内容	方法
步骤一	划分人机界面赋色区域	在做配色设计之前,设计师根据形态、功能分区等因素划分赋色区域,明确需要进行色彩设计的区域
步骤二	建立色彩数据库	确定配色方案的色彩数量,输入色彩意象定位值获取色彩组合,缩小代表待求解问题的潜在解集,构建问题可行解数据库
步骤三	人机界面色彩布局设计	HIGA 的进化对象是步骤二构建的色彩数据库,为了减少决策者的评价疲劳,利用 HIGA 的分层局部搜索的思想,迭代进化产生出品质越来越好的近似解

表 2-4　舱室环境色彩意象评估流程

流程	内容	方法
步骤一	制作舱室环境色彩样本	由于采用实体物理空间进行实验不仅费时且实验环境成本高，故采用平面绘制空间的模拟方式进行实验
步骤二	收集与分析色彩意象语义	通过开放式问卷广泛获取色彩意象语义，设计师挑选出代表性形容词语汇，尽可能较全面地涵盖色彩语义认知空间
步骤三	进行色彩意象实验	将舱室环境色彩样本与意象语义以 SD 法进行色彩意象评价实验。通过因子分析降维，建立因子得分函数，结合熵权法确定各色彩因子权重，最终计算出综合色彩意象得分
步骤四	建立基于 GEP 的色彩意象预测模型	利用 GEP 算法极强的函数发现能力，获取舱室环境色彩样本的因子得分与综合色彩意象之间的最佳拟合函数，并据此函数预测用户的色彩意象值，把握用户心理

(2)Web 页面的色彩设计流程和配色方法

色彩是 Web 页面设计中的重要因素，在色彩设计应用中，我们对颜色不同程度的理解影响到设计页面的表现。掌握色彩设计流程，熟练地运用色彩搭配，能够帮助设计师做出更好的作品。Web 页面中通用的色彩设计流程如图 2-12 所示。

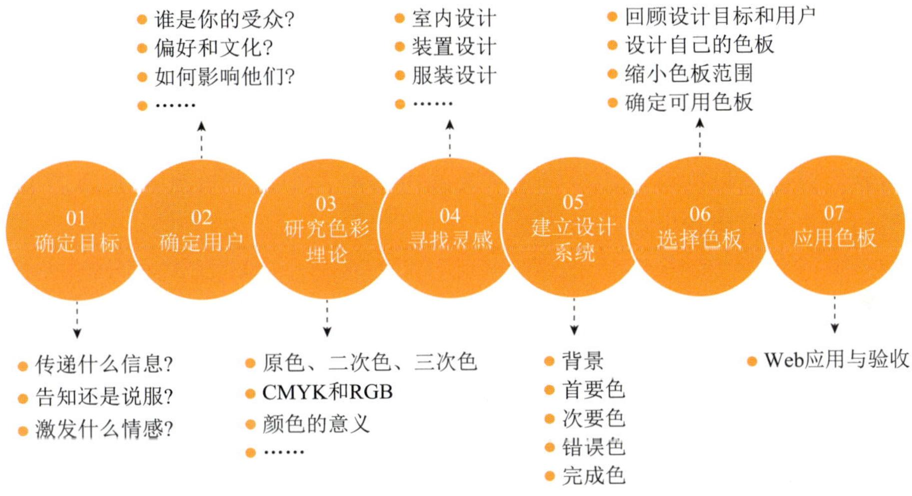

图 2-12　Web 页面色彩设计流程

2.2.2　色彩设计人因评价

色彩不仅影响视觉感受，还会对人的心理和情绪产生影响。在载人航天器色彩设计中，人因要素至关重要。人因工程学(human factors engineering)是 20 世纪发展起来的交叉学科，基于心理学、生理学和系统科学，研究人、机、环境之间的关系，通过合理设计提高工作效率和安全性[9]。

复杂人机系统由若干子系统构成，各子系统关注不同的人因指标，不同角色对指标的评价存在差异[10]。工程设计师关注布局、功能设备等指标，系统用户关注舒适度、负荷噪声等指标。因此，人因评价需要明确评估目标、指标集及具体指标。人因工程评估指标体系应通过文献调研确定评估目标，使用测试和评估方法建立指标集，并选取适合的指标以满足设计需求[11]。色彩设计人因评价流程如图 2-13 所示。

图 2-13　色彩设计人因评价流程

不同的人因要素也会对色彩设计产生不同的影响。影响色彩设计的人因要素基本分为生理性、感知性和功能性[12]。因此，人因测试与评估的方法可大致分为 3 类，分别为从主观、生理和行为 3 方面对色彩对人的影响情况进行测量，见表 2-5。

表 2-5　不同人因要素对色彩设计的影响

要素	影响
生理性	由于人的视觉感官会经历发育、成型、衰退 3 个阶段，因此视觉感官会导致对色彩的感知产生差异
感知性	人根据不同色彩会产生不同的心情变化与审美体验，也会因不同的文化、社会背景差异对色彩形成不同的喜好
功能性	不同群体对产品色彩会产生不同功能性的要求，包括安全、高效、舒适等需求

视觉工效是人机工效学的分支，研究色彩与人因关系可以从视觉工效角度出发，通过测量数据来指导航天器色彩设计。视觉工效涵盖工作效率、生理状态、心理感知和卫生等方面，其中工作效率与生理状态通过测试实验收集客观数据，心理感知则通过主观评价进行分析。

综上，载人航天器色彩设计评价方法与指标如图 2-14 所示，通过不同方面的指标测量可以更加具有针对性地将色彩设计与载人航天器内部的各个功能分区及人因需求相结合，满足航天员们的工作活动和生活需求。

视觉功效研究方法	视觉功效评价方法	视觉功效评价指标
辨识效率测试（工作效率层面）	采集主观评价	辨识效率
眼动测试（工作效率、心理、生理层面）	采集客观数据（工作效率或生理数据）	眼动数据
主观评分（心理层面）	同时采集主观评价和客观数据	心理感受

图 2-14　载人航天器色彩设计评价方法与指标

2.3　载人航天器色彩设计模型

人的色彩感觉信息是通过光源、彩色物体、眼睛和大脑通道传输，这 4 个要素是产生色彩感觉并正确判断色彩的基础。因此，色彩是光、视觉系统与心理属性的综合反映。乘组人员与载人航天器通过视觉感知进行色彩交互，内容包括视觉空间与人眼的适配性、控制器与显示器的配色、设备颜色设置、信息获取效率（格式、大小、对比、编码等）、安全颜色类型、照明要求及舱内操作界面的颜色匹配性等。通过分析航天员的视觉感知过程及影响认知行为的因素，构建了载人航天器色彩设计模型，涵盖体验层次与人因工程两个机制。体验层次包括本能层、行为层和反思层的色彩设计要素，人因工程则包括以安全、高效和舒适为目标的色彩设计要素[13-15]。

2.3.1　色彩交互的体验层次

2.3.1.1　色彩交互的本能层

色彩交互的本能层源自人的感官体验，包括视觉、听觉、触觉、味觉和嗅觉，赋予人对色彩的感性认识。色彩感知通过视觉系统加工，涉及光源辐射和物体反射等物理学原理，以及生理学的脑眼系统；色彩信息经大脑处理后与储存的色彩信号比较，进而影响心理和生理反应。本能层的色彩感知不仅依赖于生理机制，还涉及心理过程，色彩信息与个体的色彩审美心理结合，产生情绪、情感和认知变化，显著影响人的感知、判断和行为。在载人航天器设计中，本能层的色彩设计主要关注初步印象和情感影响，旨在通过调研乘组人员的色彩偏好，缓解孤立和单调感，创造舒适愉悦的视觉环境，从而满足乘组人员的心理与生理需求。

2.3.1.2　色彩交互的行为层

在色彩交互的行为层中，色彩可用性或易用性是指界面/产品上的色彩能否优化人与产品间的交互体验。在载人航天器内部环境中，颜色配置可能引发乘组人员的视觉错觉或幻觉，影响其对空间尺寸、定向、稳定性及冷暖等的感知。行为层的色彩设计旨在帮助乘组人员快速、准确地完成任务目标，通过优化配色方案降低操作错误率，提升可靠性与效率，并使界面更适应缺乏经验的乘组人员。此外，色彩设计可改变乘组人员对空间的印象，缓解狭小封闭感，使环境更符合人类栖息地预期。因此，行为层的色彩交互需重点考虑符合载人航天器特点、优化空间感、增强稳定性、提升识别性及功能化配置等因素。

2.3.1.3　色彩交互的反思层

色彩交互中的反思层通常被定义为高层次的色彩情感表达，它关注色彩所赋予物体的情感和体验，使其具备特定的设计理念和内在含义。色彩不仅是实现载体情感化和赋能的重要手段，也是区分各国载人航天器内部环境风格的关键标志。舱内色彩搭配能够充分表达设计师、工程师和乘组人员的设计意图，不仅体现功能性，还展示与其他国家航天器的差异性和新颖性。色彩具有多层次的审美意义，基于想象、情感和象征，它们的结合传达特定的设计理念。因此，在色彩交互的反思层中，需要重点考虑协调性、品牌化、民族和国家文化特性、风格和符号等因素。

2.3.2　色彩设计与人因工程

色彩设计作为航天工效学关键技术，其核心价值体现在提升人机交互安全性与作业稳定性方面。研究涵盖视觉编码、色度对比及环境光参数等跨学科要素，重点解决航天器特殊环境中观测距离与背景色调对色彩感知的干扰问题。当前研究聚焦于构建包容性色彩方案，通过优化报警色系配置、功能区域色域划分及宜居环境色调调节，实现航天员在长期任务中的心理适应强化与视觉障碍消除，具体包含安全警示、高效操作、舒适适居三大设计维度。

2.3.3 载人航天器色彩设计模型

综合色彩交互体验层次的安全、高效、舒适三要素，融合航天员视觉认知模型与舱内环境特征分析，构建了载人航天器色彩设计模型，如图 2-15 所示。

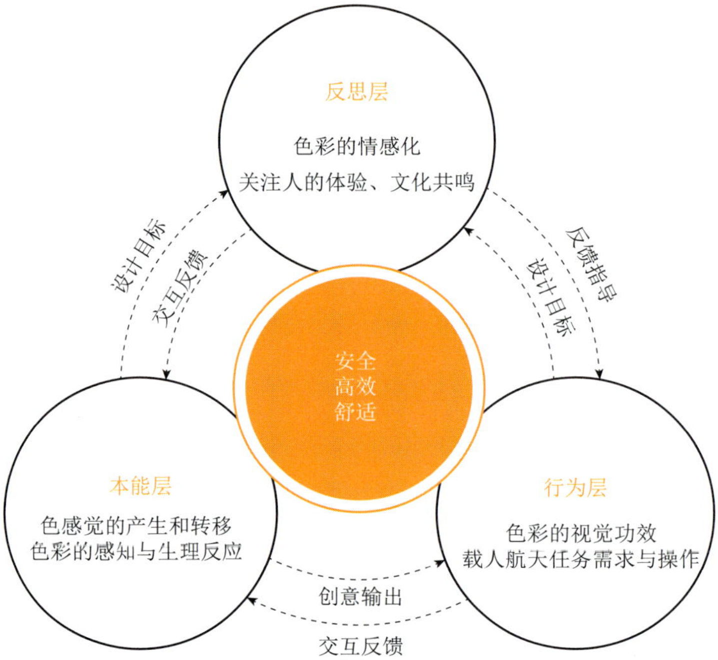

图 2-15 载人航天器色彩设计模型

该模型通过本能层、行为层、反思层的动态递进循环，构建航天器色彩设计的多层次交互体系。本能层基于人类色彩感知的生理机制，通过舱内界面主色调快速建立认知锚点，形成感官记忆基底；行为层聚焦任务导向的视觉编码系统，依据设备操作流动态调整色域划分，同时融入民族文化基因提升交互适配性；反思层运用文化符号融合与品牌化设计策略，通过色彩语义共鸣激发航天员的积极情绪。3 个层次形成闭环优化机制：行为层的工作效率参数反馈修正本能层的色值，反思层的情感体验反向迭代行为层的编码逻辑，最终实现认知负荷降低与操作效能的协同提升。

2.4 载人航天器色彩设计与人因评价流程

秉承“以人为中心”的设计理念，以载人航天任务需求为导向，载人航天器色彩设计总体分为“三模块三节点十二活动”的迭代式闭环设计流程，如图 2-16 所示。

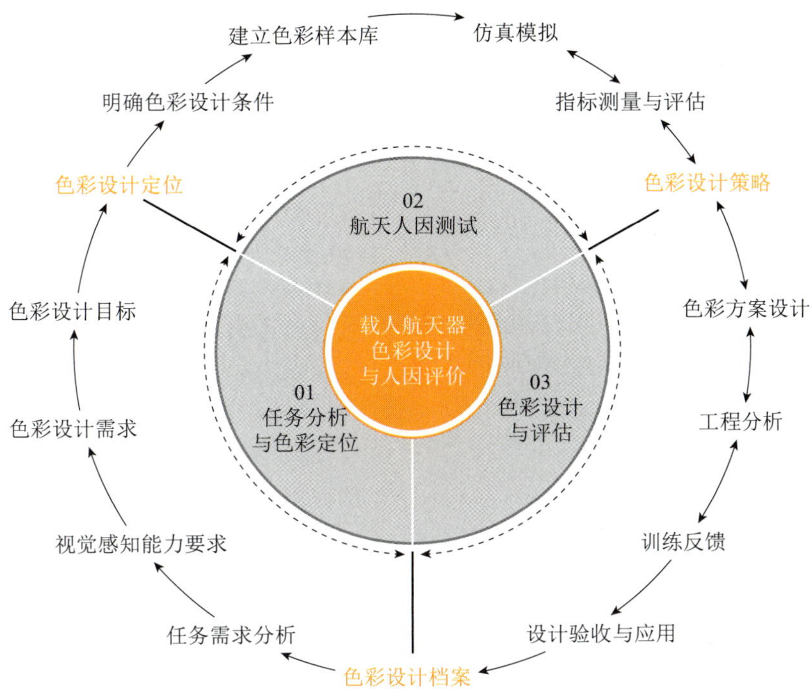

图 2-16　载人航天器色彩设计与人因评价流程

2.4.1　任务分析与色彩定位

本节内容主要以载人航天任务需求为导向，运用工业设计相关方法，对每个航天任务下面的色彩需求进行分析。依托色彩心理学、航天员视觉感知能力要求、色彩调和等色彩领域相关原理对任务分区下的色彩需求进行整理，并得出色彩定位，为色彩设计做理论依托。其基本流程如图 2-17 所示。

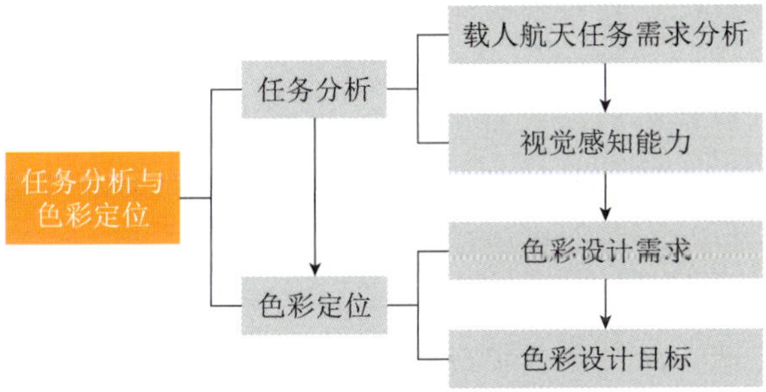

图 2-17　任务分析与色彩定位

2.4.1.1　任务需求分析

航天员的任务分为地面任务和空间飞行任务。本小节重点研究的是航天员在空间飞行中执行的任务和作业内容。飞行中的任务依据航天器类型和任务目标的不同而有所差异。根据国外多年实践经验，航天员的空间飞行任务可分为 4 个方面：航天器系统运行管理、航天员生活与工作管理、载荷试验与管理、交会对接和出舱活动任务。

主要的航天员任务和作业活动内容见表 2-6。

表 2-6 航天员任务和作业活动内容

航天员任务	作业活动内容				
航天器系统运行管理任务	a. 航天器系统和设备管理	b. 航天器运行程序和时序监督	c. 航天器的姿态控制	d. 航天运行中的导航监督	e. 航天运行中的通信任务
航天员生活与工作管理任务	a. 飞行员的工作管理	b. 飞行中的生活管理	c. 飞行员的身体健康状况监督与保证		
载荷试验与管理任务	a. 载荷试验的监视、操作、数据采集	b. 载荷实验处理、设备的维修和更换	c. 实施产品加工与制造和管理	d. 与载荷控制中心通话联络	
交会对接和出舱活动任务	a. 检查出舱用的环控生保设备性能	b. 调试为舱外活动用的设备、仪器、工具	c. 安装和检查医监仪器	d. 出舱前的吸氧排氮	

从表 2-6 分析可以看出，航天任务复杂且精细，在开展载人航天器色彩设计之前，应系统分析航天员操作任务所涉及的具体航天器、空间区域、任务流程步骤及关键要点。根据这些任务流程和关键要点，运用色彩进行任务优先级划分，并根据流程的层级和重要性，进行色彩的统一与协调。

2.4.1.2 视觉感知能力变化

以往的研究从人与系统之间交互过程出发，将航天员的作业能力需求划分为 3 个方面：感知能力、信息处理能力、操作能力[16]。载人航天器色彩设计需特别考虑特殊环境对航天员视觉感知的影响。视觉作为关键感知通道，负责空间定向和物体识别。然而，在航天特殊环境下，航天员的作业能力会受到不同程度的限制，如响应延迟和感知变化。研究发现，空间高光照强度、明暗对比度和频繁的光照变化等因素，均会显著影响航天员的视觉能力。如在 Soyuz-4 和在 Soyuz-5 飞行中，3 名航天员在高(94%)、低(13%)对比度下，视敏度有 10%的减少，但也有 1 名航天员在高对比度下，视敏度有 20%的增加。美俄等国在其载人航天任务之初就对飞行中微重力等环境对人的视知觉能力影响开展相关研究，发现微重力环境可导致航天员视域变窄、对比敏感度变差、眼压升高等视功能变化。

由于航天任务常常遇到非结构化场景和突发情况，航天员的感知、认知与判断能力在任务中至关重要。因此，载人航天器色彩设计需根据航天任务需求和视觉能力要求，构建或模拟操控环境，并制定相应指标和规范。失重环境会打破航天员的定向习惯，导致空间定向障碍。因此，每个舱段应有独立的配色和布局风格，参考国际空间站或模拟器照片。借助现实世界物理属性隐喻有助于人类理解空间环境，设计时应重视视觉线索，如主要地标、路标信息和标志性设备，以确保空间导航的有效性。图 2-18 中的红色箭头表示各舱段的局部视觉正向，大多数舱段都有相同的局部视觉正向轴，图中的蓝色箭头表示空间站整体视觉正向轴。图 2-19 展示了部分舱段的内部场景设计，实验舱Ⅰ具有对称布局，航天员可根据顶灯和四壁设备判断象限；核心舱Ⅱ则通过清晰的视觉正向线索帮助航天员定向，如地板配色和设备文字方向等[17]。

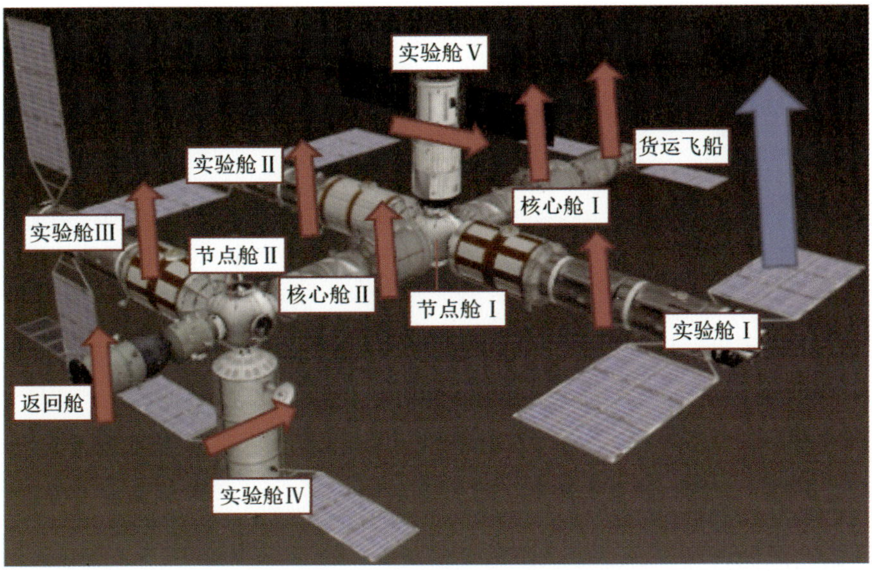

图 2-18　虚拟空间站模型及视觉正向轴

（a）实验舱 I　　（b）实验舱 II

图 2-19　部分舱段的内部场景设计

图片来源：刘相，刘玉庆，朱秀庆，等. 基于虚拟现实的航天员舱内导航训练方法[J]. 计算机辅助设计与图形学学报，2017，29(1)：101-107.

2.4.1.3　色彩设计需求

重点分析航天任务操作所涉及的舱室区域及操作流程特点，并结合航天员的视觉感知能力特性进行设计需求分析。首先，通过基础的用户行为调研全面了解航天员在不同舱室区域的基本操作，运用同理心从航天员角度出发，感受操作过程中的细节和痛点，并记录设计要点。此阶段可初步考虑如何通过优化色彩设计解决航天员的痛点，调研方法可包括问卷调查、访谈、体验感受法、观察法及文献研究等。最后，结合航天员在特定环境下的视觉感知能力变化，分析总结在不同任务情景下的色彩设计需求。

2.4.1.4　色彩设计目标

航天设计师在得出航天器色彩设计需求后，需要对上一步的色彩设计需求进行提炼与思考，并在安全、舒适、高效这 3 个航天工业设计的总体设计目标下，针对不同的功能分区提出具体的色彩设计目标，如图 2-20 所示。

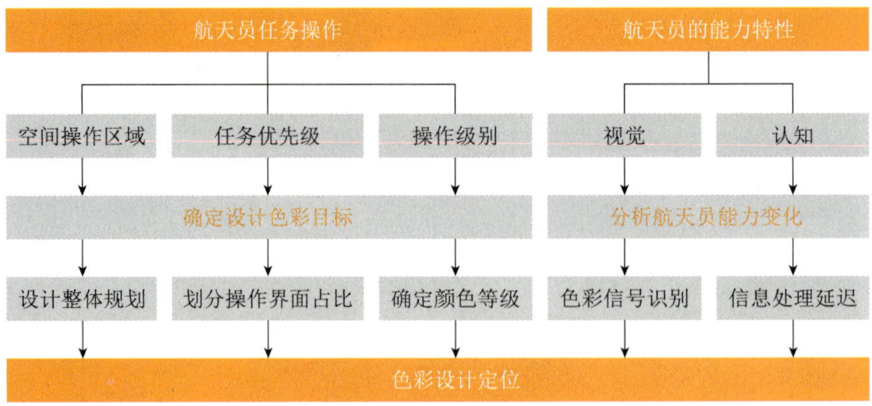

图 2-20　载人航天器总体色彩设计目标

本小节的色彩设计目标围绕安全、舒适、高效这 3 个总体目标主要提炼出三大目标，分别为色彩功能性目标、色彩舒适性目标和色彩体验性目标。

(1)色彩功能性目标

显示系统的合理色彩设计可以减少飞行员对色彩的混淆，增强对关键信息的注意力，从而显著提高飞行安全性[18]。NASA 的一项研究表明，颜色亮度差异可以作为身体方向的线索，利用色彩设计有效提高航天员的视觉空间定位能力。因此，提出航天器色彩功能性目标，通过调整色差、亮度、饱和度等属性，提升航天员的视觉效能，从而提高其在轨作业能力，确保各项空间任务顺利完成。

(2)色彩舒适性目标

色彩作为视觉信息的重要组成部分，不仅影响视觉现象，还对情绪、心理和行为产生影响。为此，我们提出航大器色彩舒适性目标，利用色彩的情绪调节作用，调整航天员的情绪，提升其工作效率，改善空间居住质量，从而延长或提高航天员在轨生活和作业的舒适性。

(3)色彩体验性目标

色彩的喜好和禁忌受世界各地政治、气候和文化等地域因素的影响，因此不同国家对色彩的象征意义存在差异(表 2-7)[19]。在航天器色彩设计中，必须考虑航天员来自不同国家和地区的色彩偏好与禁忌。设计师应根据各国地域文化和习俗的不同，适当调整航天器的色彩标准。这一层次的设计目标是色彩体验性目标，旨在增强航天员的文化体验感，创造一个具有地域性和个性化的舱室色彩空间，从而帮助航天员更好地进行在轨生活与作业。

表 2-7　常见颜色的常规用途

颜色	国家	象征意义
红色	中国	喜庆、祥和
	印度	圣洁、象征生育能力
	法国	爱情、激情、浪漫
白色	英国	残暴、不吉利
	中国	雪、清新、朴素、纯净，但多与哀悼和悲伤相关
	法国	纯洁、贞洁和天真
	美国	纯洁、道德感强

续表

颜色	国家	象征意义
绿色	中国	春天、健康、希望
	阿拉伯	生命、希望
	日本	不吉祥、凶兆
	马来西亚	疾病、不健康
蓝色	中国	宁静、纯粹
	比利时	不祥
	英国	忧郁

2.4.2　航天人因测试

航天人因测试为载人航天器色彩设计理论研究阶段，其目的是研究不同色彩的生理和心理影响作用，从而选择满足航天员安全工作和舒适生活的色彩区间进行设计。

在载人航天器色彩设计中，人因测试包括色彩绩效、生理心理影响、主观体验和安全性等内容，采用主观测量法、生理测量法和行为测量法进行测量。人因测试的流程包括 4 个步骤，如图 2-21 所示。

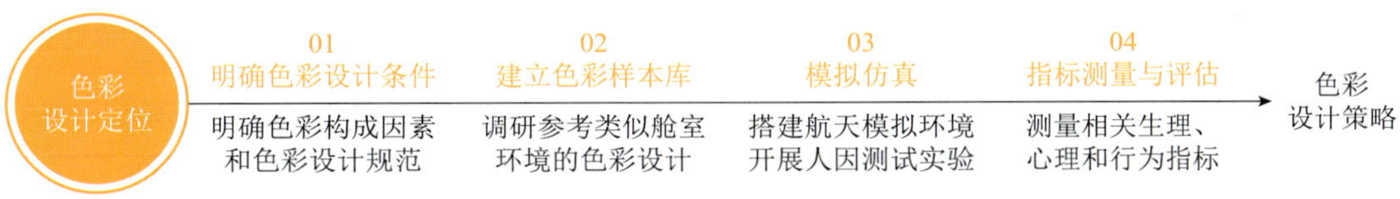

图 2-21　航天人因测试流程

2.4.2.1　明确色彩设计条件

本活动旨在基于色彩设计定位，明确色彩设计的前提条件，包括色彩构成要素和色彩设计规范两个部分，为后续设计方案提供平台和规范。明确色彩构成要素是为了整理空间内的色彩组成，了解设计对象，为色彩方案提供设计基础；明确色彩设计规范则是为了理解航天色彩标准，确保设计方案的合理性和可行性。

(1)明确色彩构成因素

在分析色彩构成要素时，首先需要根据航天任务需求和色彩设计目标，明确哪些组件需要进行色彩设计。然后，对这些组件进行分类，并分析其材质特性，以便将色彩设计定位到具体对象上。例如，在分析太空站睡眠舱的色彩时，可以将构成要素分为主色调、装饰色、指引色和警示色 4 个部分，涉及的材质包括金属、塑料以及编织材料如被褥等(表 2-8)。这些色彩与材质的组合为睡眠舱的视觉环境设计提供了广阔的设计空间。太空站睡眠舱的舱内色彩构成因素分析示例如图 2-22 所示。

表 2-8　太空站睡眠舱色彩构成因素

构成因素	组成构件	材料
主色调	米黄色(侧壁、天花板、底板)，蓝紫色	碳纤维复合材质，编织材料
装饰色	红色(国旗)	编织，塑料
指引色	黑色/白色(固定带)	编织材料
警示色	红色/黄色(警告色)	印刷材质

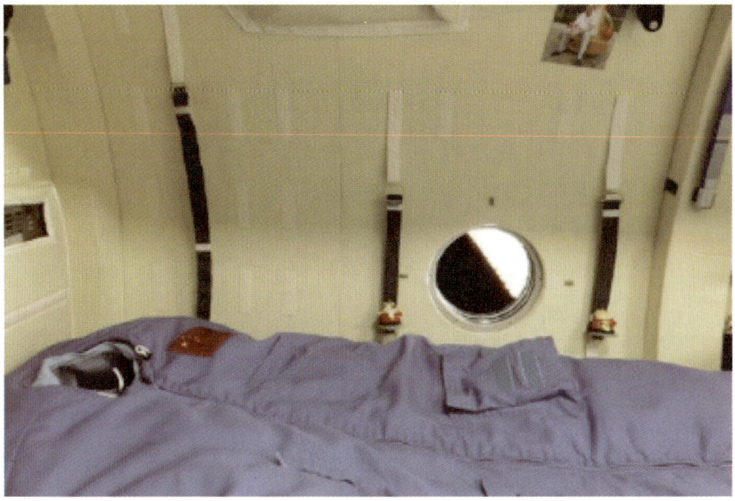

图 2-22　太空站睡眠舱的舱内色彩构成因素分析示例

图片来源：动物百宝箱.震惊！“问天”实验舱床位曝光，居然是睡天花板？[EB/OL].(2023-08-25)[2025-03-03].https://www.163.com/dy/article/ICVOVD6405534T97.html.

(2)明确色彩设计规范

明确色彩设计规范，其目的是使设计中所使用的色彩样本能够符合载人航天器色彩设计标准，参考现有的载人航天器色彩设计经验，避免设计方案脱离实际应用需求。根据美国航空航天局和欧洲航天局等官方设计文件，整理并列举了空间站中典型的色彩设计规范，具体如下：

①航天器隔离环境色彩规范。

为了达到健康、定位和空间任务支持的目的，美国航空航天局和欧洲航天局确定了在空间隔离环境的色彩设计开发中的关键要求，见表 2-9。

表 2-9　航天器隔离环境色彩规范

要求类别	具体规范说明
安全	颜色和装饰应符合安全要求
可见性	颜色和装饰应该满足每一个视觉的需求
灵活性	色彩和装饰应该考虑到身心影响及其多功能作用，应该满足日常生活和工作中的使用需求
变化	环境必须在时间上是变化的，必须能够刺激自然条件下的感官，以保持感知、注意力和智力活动的正常状态
多样性	颜色和装饰应该创造一个可变的多样环境，对乘员的心理-生理产生积极影响
定制	颜色和光线应根据个人需求、工作需求和审美品位而变化，特别是在个人区域，如乘员宿舍

②舱内装饰色彩设计规范。

乘员的审美和心理反应是空间舱室内设计和装饰的重要考虑因素。表 2-10 所列是舱内装饰设计中关于色彩设计的一般注意事项。

表 2-10　航天器隔离环境色彩规范

要求类别	具体规范说明
简单	室内设计(装饰)应简单，即颜色过多、视觉图案复杂、大面积极度饱和的颜色或过多的织物变化可能会导致视觉或感官过饱和。这种处理对大多数观察者来说是一种烦恼，尤其是在长时间暴露时
多样	极端的简单性可能会走得太远。单调、单一的颜色或完全中性(例如全灰色)的配色方案和光滑、无纹理的表面是单调的，会导致无聊并最终对平淡无奇的视觉环境感到刺激。舱内不同的隔间使用不同的方案是实现多样性的有效方法。在每个隔间内，一般使用少量颜色(不超过 5 种)优于单一颜色。也可以通过使用稍微不同的基本表面的色调和阴影来获得多样性，一种用于设备机架，另一种用于控制面板
位置和方向编码	在某些情况下，颜色的使用可能有助于帮助机组人员更快地识别房间类型或他们在房间中的方向。较浅的颜色可用作指示局部垂直设计的提示
饮食区和梳妆区的颜色	饮食区和梳妆区的配色方案应包括增强食物外观和人的肤色的颜色
反射率	颜色会影响从表面反射的光量。漫反射是可取的，尤其是在工作站。高反射率会导致恼人的眩光
装饰的维护	使用多种颜色、纹理、材料和配件会使内务、维修和更换问题增加

③乘员界面上的色彩设计规范

乘员界面上的色彩设计规范应确保视觉统一并能提高任务效率。硬件控制器的颜色编码仅用于标识而非控制器本身，其颜色应介于灰色与黑色之间，且与座舱内的视觉环境协调一致。每个控制器的标识需通过座舱观察清晰区分，并提供功能和描述性信息。颜色编码应限制在 5 种以内，以红、绿、橘黄、白、蓝色为主，且避免使用光泽罩面漆以防反射影响任务性能，同时与任务环境的光照条件保持一致。视觉显示器的颜色编码用于分组显示器和控制器，红色等颜色应专用于紧急指示，避免产生分散注意力的“圣诞树”效应。色彩对比需足够明显，且编码应直观易懂，特别要考虑色盲人士的识别能力。

④标识的色彩设计规范。

每个功能应使用单一颜色，避免同色用于不同功能，以免用户难以区分。标识颜色数量应限制在 9 种以内(包括黑色和白色)。避免颜色过多的标识，简化设计，减少用户认知负担。颜色选择时应考虑环境光照条件，需在充足照明下使用需要区分的颜色，而低光照环境下的标识应具有高对比度，易于区分。应避免混淆色盲用户，尤其应避免使用绿色，且不要同时使用红色和绿色。背景色与标识颜色的对比度应确保易于识别。某些标识需特定颜色表示功能或潜在危险，常见颜色的用途见表 2-11。

表 2-11　常见颜色的常规用途

颜色	常规用途
红	紧急使用物品、警告、总警报灯；安全控制；要求迅速识别的关键控制器，紧急停机，具有关键紧急属性的控制面板框
黄色	注意；低一级紧急情况的安全控制
黄黑条纹	立即访问；退出释放
橘黄	危险运动部件；机械；启动开关
绿色	重要的频繁操作的控制器，无急迫或紧急的含义
绿色	急救和生存
蓝	说明(一般不推荐使用)
紫色(洋红色)	辐射危害
白	说明(反式照明设备)

2.4.2.2 建立色彩样本库

色彩样本库是航天器人机界面色彩方案设计的重要参考资料，考虑国际标准色、行业标准色及色彩编码与功能要求，通过对类似环境的样本聚类提取，结合民族文化和新技术材料，拓展色彩样本，形成色彩设计参考案例库，如图 2-23 所示。色彩样本库的建立原则包括：明确标准色与功能的结合；符合人的认知规律；确定色彩模型与表征要素；避免样本重复且具可行性。

图 2-23 色彩样本库建立模型

(1)从标准色中提取色彩样本

标准色彩样本提取旨在帮助研究者理解航空航天领域中视觉、听觉及触觉信息的人机工程设计准则，掌握色彩编码与功能赋色原则，从而直接从相关标准中选取色彩样本，将色彩标准与实际操作功能结合，用于色彩设计与实验。标准色通常包括红、橙、黄、绿、青、紫 6 种，以及黑、白、灰中性色。例如，航空装备 HB 20097—2012 标准规定了信息显示色彩的使用规范及不同情境下的色彩编码，见表 2-12。

表 2-12 国标中规定的色彩使用和含义

颜色	相关意义	对比度良好的颜色
红	不安全、危险、警告	白
黄	易爆、注意、异常	黑、深灰
绿	安全、满意、正常、打开	白
黑、灰	背景	白、黄

(2)从色彩模型中提取色彩样本

如图 2-24 所示，该活动旨在帮助研究者理解色彩模型理论，并在色彩样本选取过程中掌握相关要素。例如，在 RGB 模型中，实验者可从 R、G、B 这 3 个色彩通道中按定量或随机方法选取样本，参数在 0～255 范围内以 64 为间隔变化，每个原色轴分为 5 个区间，最终生成 $5^3=125$ 个色彩样本。样本量取决于参数变化范围。在 HSB 模型中，色彩样本选取基于 H(360°色相环)选择色相，再通过调整 S(饱和度 100%)和 B(明度 100%)数值进行选择。

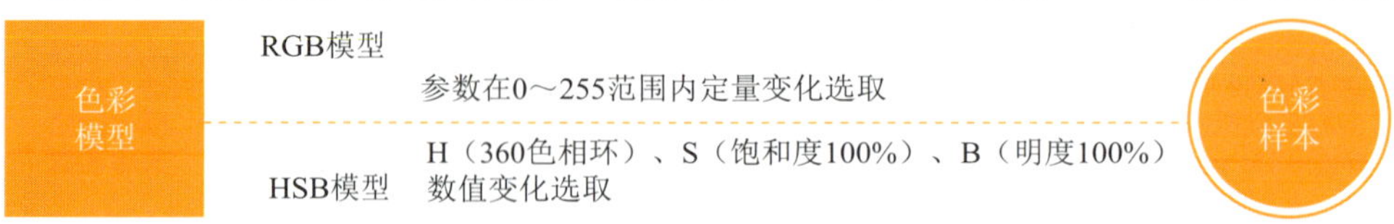

图 2-24 色彩模型提取样本流程方法

(3)从类似空间中提取色彩样本

样本聚类分析：通过爬虫或网页插件获取空间站、飞机、高铁、舰艇、航天飞机等舱室的人机界面图像，并对图像进行分类、整理与预处理。采用色彩模式和色彩量化方法提取图片中的色彩样本，分析其共性和个性，进而拓展色彩样本库。建立色彩数据库基本流程如下：①图像样本收集；②确定典型样本；③划分取色区域；④源图像计算机取色；⑤获取典型样本及色库，如图 2-25 所示。

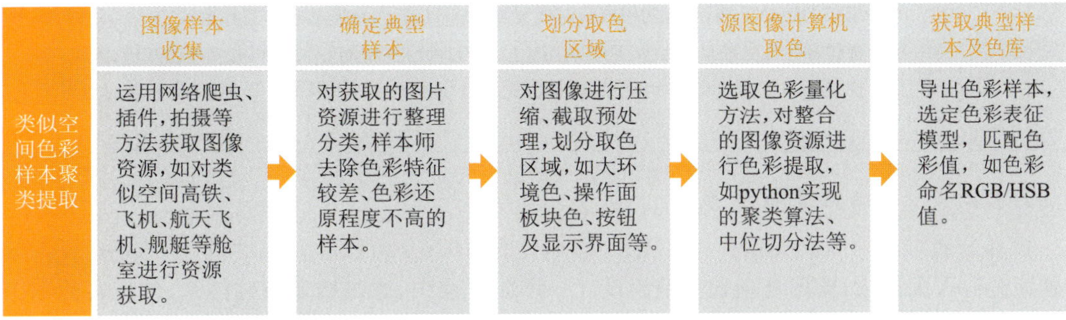

图 2-25　类似空间色彩样本聚类提取流程及大致方法

2.4.2.3　仿真模拟

该部分通过搭建高仿真度的航天模拟环境，开展人因测试实验，研究不同色彩设计对航天员生理、心理和行为的影响。航天特因环境和色彩环境模拟方法分别见表 2-13 和表 2-14。仿真模拟训练包括航天特因环境和色彩环境的模拟，旨在评估哪些色彩设计更符合载人航天器要求。仿真模拟训练的主要流程包括收集资料、确定实验设计、搭建模拟环境、进行实验测试与分析，并最终根据测试结果提出可行的色彩设计方案。通过此过程，分析不同色彩设计对航天员工作与生活的适应性，为航天器色彩设计提供理论依据和实践指导。

表 2-13　航天特因环境模拟方法

类别	方法	目的
多层次的地面模拟环境实验体系	头低位卧床实验、隔离密闭实验、睡眠剥夺实验、悬吊、气浮台等	分析各类地面模拟环境的特异性和对人能力研究的适应性，模拟航天环境下人的生理、心理、情绪、决策、生物节律的变化规律及其机制
物理模拟器	中性浮力水槽、失重飞机、在轨实验等模拟失重或地位重力状态的试验设施或装置。	开展航天作业人因测试与研究，获取不同压力状态、不同任务环境下的人因特性变化规律 缺点：无法模拟舱外活动的真实环境，成本昂贵，无法对舱外活动进行动力学仿真分析，分析人认知决策能力变化及脑机制
计算机仿真系统	ADAMS 仿真软件、能力评估工作站(PAWS)、Windows 在轨认知评估工具(WinSCAT)、在轨飞行疲劳监测的个性化实时神经认知评估工具(Neuro CATS)等	能够弥补物理模拟器的缺点，相对经济且快速地执行太空方案，不受时间和工作空间的限制

表 2-14　色彩环境模拟方法

方法	优点
虚拟现实技术(VR)	是一种系统仿真环境模拟方法结合人机交互技术，对观察者的生理及心理进行全方位的观察。是目前较为普遍的环境模拟方法，能够更加方便、容易地搭建所需的色彩环境，进而对受试者进行各项指标测量
可视化仿真(VS)	可视化的、灵活的仿真分析环境。 使色彩的可视性更强，更加能够感受到色彩对人的生理、心理及行为产生的变化

续表

方法	优点
多媒体仿真(MS)	除可视化以外强调多样化的多媒体集成,如音像的合成效果等。 增强视觉感知与其他感知因素(如听觉)的联系,放大感知程度,使色彩与环境联系更加紧密,受试者对色彩的感知和体验形式更加丰富
虚拟现实仿真(VRS)	强调投入感、沉浸感和多维信息的人机交互性。 模拟的场景更加逼真,能够使受试者更加投入测试,对色彩的感知更加敏锐
组合视景系统(CVS)	提供补充外部场景的视图,增强周围地形、障碍物以及相关人文特征(包括周围环境、建筑物等)。 使受试者在感知色彩环境的同时能够更好地了解和应对不同的外部环境,提高情境意识
……	……

2.4.2.4 指标测量与评估

该部分通过人因测试实验测量生理、心理和行为指标,分析色彩对设计目标的影响,以高效、准确地进行人因评估,支持复杂人机系统设计。评估过程中,通过构建指标体系、分析实验数据,确保色彩设计符合人因工效学要求。最终的综合评估依赖于专家评审和多层次细节评价,以确保系统的和谐性和设计目标的实现。载人航天器色彩设计人因测试与评估方法见表 2-15。

表 2-15 载人航天器色彩设计人因测试与评估方法

主观测量	情绪测量量表	SAM 量表、VAS 量表、PrEmo(product emotion measurement)、受试者口头报告、焦虑自评量表(SAS)、抑郁自评量表(SDS)、汉密尔顿焦虑量表(HAMA)、汉密尔顿抑郁量表(HAMD)等
	脑力负荷量表	NASA-TLX 量表、主观负荷评价技术 SWAT 和修正的库柏哈柏法 MCH
		……
物理测量	自主神经系统(ANS)测量	皮肤电阻、心率、血压、心电图、呼吸、肌电图等
	中枢神经系统(CNS)测量	脑电图(EEG)、事件相关电位(ERP)、功能性磁共振成像(fMRI)、正电子发射断层扫描(PET)等
	眼动指标(eye movement)测量	水平或垂直眼动的程度和速度、眨眼率、定位持续时间以及瞳孔直径、眨眼频率(blinking frequency)、双眼视觉功能(binocular vision)、固视微动(involuntary eye movement)、H 点眼椭圆
		……
行为测量	面部表情、语音语调、肢体运动	图像识别、视频识别、面部肌肉活动编码系统(FACS)、最大限度辨别面部肌肉运动编码系统(Max)、表情辨别整体判断系统(Affex)
	主任务操作方法	测量对目标进行搜索和觉察的速度和准确性
	次任务操作方法	选择反应时任务、数学计算、记忆任务、搜索任务和跟踪任务等
		……

2.4.3 色彩设计与评估

色彩设计与评估为载人航天器色彩设计从开发到实现的核心模块。本阶段以色彩设计定位为起点,基于色彩设计策略,包含明确色彩方案设计、工程分析、训练反馈、设计验收与应用 4 个关键活动,最终输出色彩设计档案,为之后的设计迭代提供材料支持。本部分基本流程如图 2-26 所示。

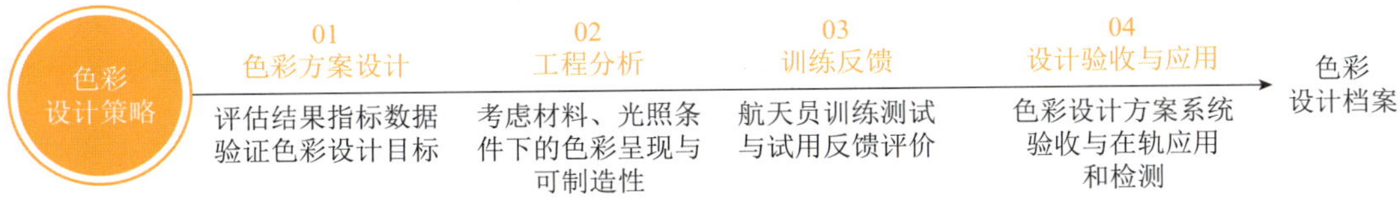

图 2-26　色彩设计定位基本流程

2.4.3.1　色彩方案设计

色彩方案设计实现了色彩设计定位，也是色彩设计策略的应用。在载人航天器的色彩设计中，首先根据设计定位和色彩范围，划分不同设计层级。在色彩设计策略指导下，根据色彩功能属性进行层级设计，形成初步方案。然后，结合色彩匹配原则对方案进行优化，最终得到完整的色彩设计方案。整体设计流程如图 2-27 所示。

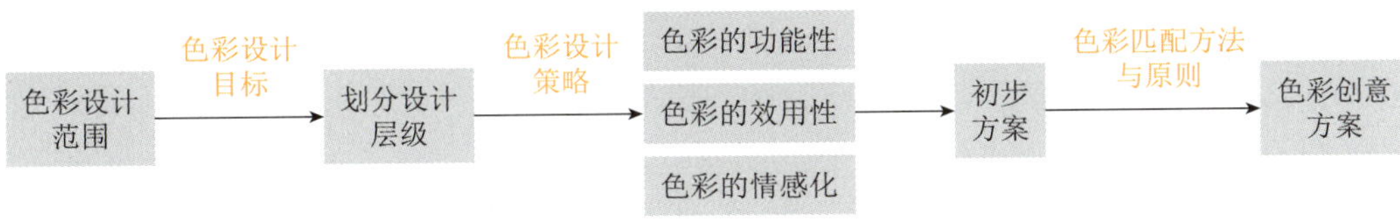

图 2-27　色彩方案设计流程

(1)色彩设计策略

①色彩功能性设计。

色彩对人的生理和心理有影响，并且具有信息传达功能，赋予了“功能色彩”的意义。色彩功能与人机界面功能是互补的，合理运用色彩可以改善界面形态并提升其功能。在色彩功能性设计中，需要根据实际情况体现“标准色和安全色”“能见度与注目性”“保护与掩护功能”。例如，红色代表火线，蓝色或绿色代表零线，黄色或白色代表接地线，有助于区分和提醒，便于操作。航天器人机界面的色彩设计应考虑各部件功能，如开关、紧急提醒、操作按键和控制旋钮等，绿色可表示开启，红色表示停止，橙色用于提醒(图 2-28)。

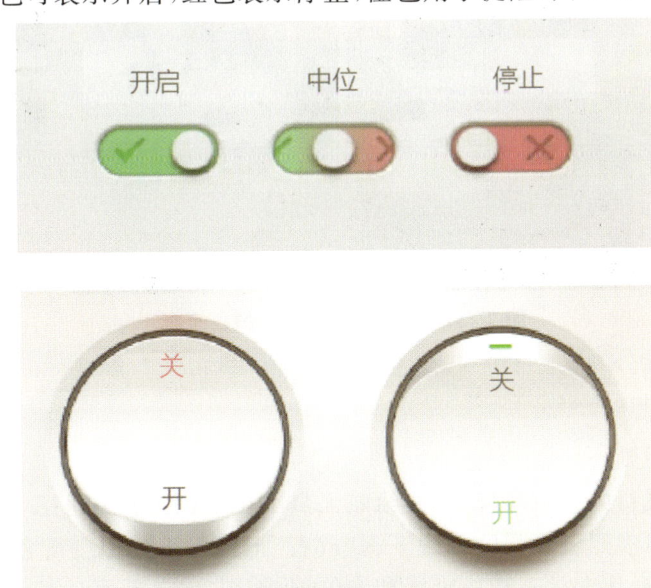

图 2-28　色彩功能性设计

②色彩效用性设计。

人机界面的色彩搭配可以对操作人员的心理和身体健康起到调节作用，还能提高工作效率。例如，船舶舱室的人机工效设计从视觉、认知和行为3方面进行，测试指标包括仪表刻度辨认正确率、反应时间、字母划消正确数、空间记忆反应时间和正确率、应急反应时间和正确率、握力、手臂稳定性和敲击速度等[20]。

③色彩情感化设计。

产品色彩情感化设计通过挖掘用户情感需求并转化为色彩设计元素。当前的研究重点是构建相关理论和方法，设计流程通常包括3步：获取并量化用户情感信息，探究情感与色彩之间的关联，建立映射模型，并利用智能算法优化设计，生成并评估色彩方案[21]。

在载人航天器色彩设计中，应考虑深空环境对操作人员心理的影响，涵盖整体环境色彩调节、操作界面配色及文化偏好等因素。人机界面的信息层级可通过色彩心理效应区分，根据舱室功能分区赋予适宜色彩，有助于提升情感体验和适应性。此外，可扩展色彩样本库，基于情感进行精准设计。

(2)色彩匹配方法与原则

①色彩和谐性原则。

载人航天器舱室色彩搭配的根本原则是色彩和谐，和谐的色彩能够使操作人员的视觉感到舒适和放松(图2-29)。邻近色和互补色被认为是较为和谐的搭配。通过明度来体现和谐，有3个基本理论：均匀的明度间隔是和谐的；中间明度是和谐的；明度相同的不同色彩是和谐的。

图 2-29　色彩和谐的船舱颜色搭配

图片来源：辛普森游艇.未来畅销明星：全新博纳多邀享仕51.1[EB/OL].(2017-10-10)[2025-03-03].https://www.sohu.com/a/197224403_800663.

②色彩稳定性原则。

在长期深空和飞行的失重环境下，会给航天员一种不稳定的方位感，航天器内部环境色彩的稳定性原则可以参照色彩明度上浅下深"或者"上轻下重的原则配色，从而缓解这种不稳定的心理感觉，给操作人员一种稳定感和方位感，如图2-30所示。

图 2-30　邮轮中心吧台设计

图片来源：设计芝士. Kelly Hoppen&Jouin Manku&Tom Wright | Celebrity Edge，邮轮设计的革命[EB/OL]. (2018-12-31)[2025-03-03]. https://sjcheese.com/7640.

③色彩同一性原则。

工作舱与睡眠舱的色彩搭配大致可以各属同一色系或者相邻色系，工作舱的色彩搭配要明亮舒适，以便操作人员保持工作效率；睡眠舱的色彩搭配要和谐安适，以保持乘员身心健康。

④色彩冷暖性原则。

根据各舱室的工作任务需求，冷色调或偏冷的中色调能够使人保持镇定清醒，适合工作舱的任务需求，有助于提高操作人员的作业能力。暖色调或偏暖的中性色则能给人放松、舒缓和温暖的感觉，符合生活舱和睡眠舱的需求，有助于航天员休息、放松心境并缓解疲劳。适当地加入具有生活气息的花纹或小配件也能提升舒适感，如图 2-31 所示。

图 2-31　邮轮睡眠区设计

图片来源：辛普森游艇. 未来畅销明星：全新博纳多遨享仕 51.1[EB/OL]. (2017-10-10)[2025-03-03]. https://www.sohu.com/a/197224403_800663.

⑤色彩深浅性原则。

色彩的深浅应该按照不同舱室或者工作区不同的功能而变化，如载人航天器的工作舱室与生活舱的色彩搭配相比较，也应具有“浅与深”的配色特点，工作舱的色彩应相对“浅”“冷”色，体现整洁明亮，让操作人员清醒舒适（图 2-32）；生活舱的色彩应相对“深”“暖”色，体现安静舒适，使操作人员放松舒缓。

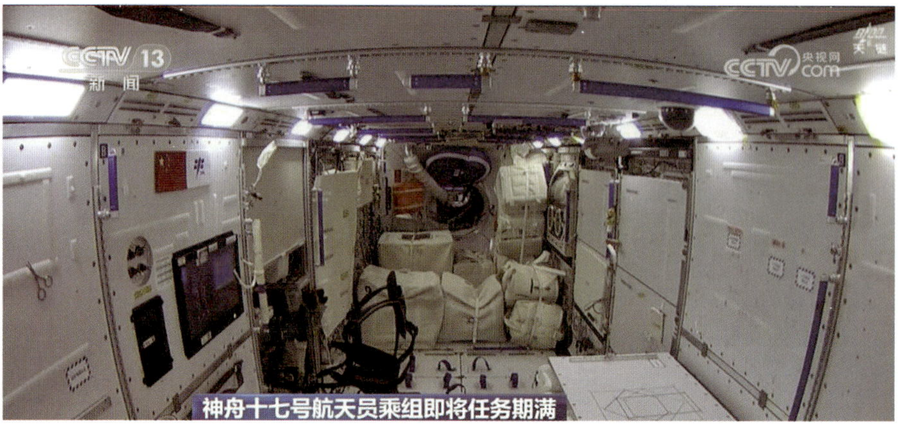

图 2-32 中国天和空间站内部

图片来源：央视网. 神十八来了！中国航天启新程 空间站将再迎“太空会师”[EB/OL]. (2024-04-24)[2025-03-05]. https://news.cctv.com/2024/04/24/ARTIfMGk0mcnzCYDjFkrpnSK240424.shtml.

⑥明度差原则。

在色彩搭配中，明度是舱室色彩搭配的重要参数之一。孟塞尔明度差为 1.5 是配色的界限。当明度差小于 1.5 时，配色呈现柔和、稳重的效果，明度差越小，低于 0.5 时视觉上几乎无法察觉明度差异。而当明度差超过 1.5 时，反差增大，形成较为强烈的视觉形象。当明度差超过 3 时，视觉冲击较强，因此在舱室色彩搭配中应谨慎使用大明度差。在舱室标识或点缀类色彩配色时，建议明度差保持在 1.5～3 之间，如图 2-33 所示。

图 2-33 ACJ318 公务机内部设计

图片来源：私人飞机懂飞帝. 价值 4 亿的私人飞机，能坐 19 个人，内部豪华又宽敞[EB/OL]. (2021-01-01)[2025-03-03]. https://weibo.com/ttarticle/p/show? id=2309404588602762854467.

⑦色彩与照明协调原则。

在舱室色彩搭配时，应考虑照明灯光的效果，尤其是在照明不足的情况下，可以通过选择合适的色彩来改善舱室的照度。通常，舱室的舱顶色彩明度不应低于 8.5。而对于驾驶室和装有显示器的工作舱室(如指控中心、雷达室、指挥仪室等)，为了提高视觉对比度，舱室的色彩明度可以稍低。国际空间站的照明与内部色彩设计协调性较差，照明不足，内部色彩未能有效改善照明效果；而中国空间站的照明充足且色彩协调，舱室设计能够有效改善照明，如图 2-34 所示。

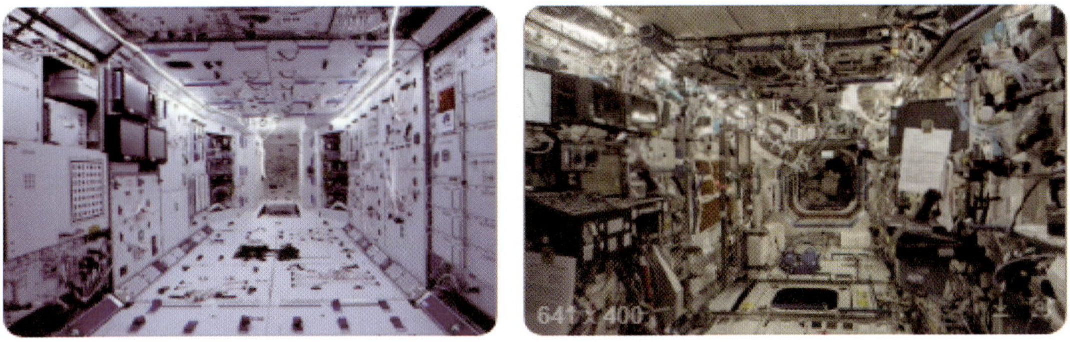

图 2-34　中国空间站与国际空间站对比

图片来源：心底的小城. 国产天宫空间站，最多容纳 6 个人，为啥国际空间站能住 13 个？[EB/OL]. (2024-05-21)[2025-03-03]. https://news.sohu.com/a/779676331_100146715.

⑧安全性原则。

安全性原则就是安全用色，安全色用于传递安全信息，表示禁止、警告、指令、提示等意义。正确使用安全色可以帮助人员快速反应，识别威胁安全和健康的物体或环境，及时发现安全标志并得到提醒，防止事故发生。全国通用的安全色如图 2-35 所示。国际标准化组织建议采用红色、黄色和绿色作为安全色，并用蓝色作为辅助色。中国国家标准 GB 2893—82 规定红、蓝、黄、绿 4 种颜色为安全色。

图 2-35　安全色用色

⑨功能性原则。

舱室色彩搭配要充分考虑和满足舱室功能使用要求。色彩搭配要有利于舱室各功能的作用。如工作舱的色彩搭配有利于保持作业能力，餐厅的色彩搭配有利于促进乘员的食欲，住舱的色彩搭配有利于乘员的身心放松等。

⑩全舱色彩相互协调原则。

载人航天器的各舱室的色彩应相互协调，且各舱室内部也应考虑主要部位间的色彩协调搭配。全舱色彩要有一个整体色彩形象，有统一感和共性。同时不应忽视各舱室色彩搭配的个性，注意内装饰件、标识类及其他物料等的色彩搭配和点缀效果。

2.4.3.2　工程分析

该活动基于色彩方案，通过工程分析确定设计方案细节，之后通过工程检验得到最终设计方案，为人因测试与评估阶段提供色彩设计原型。该活动分为细节确定和工程检验两个阶段。色彩设计原型方案工程检验清单见表 2-16。

表 2-16 色彩设计原型方案工程检验清单

检查对象	检查项目	详细内容	Yes/No
色彩设计原型	基本概念的确认	是否符合色彩设计的基本概念	
	法律、条例的确认	确认相关条例对色彩设计的制约条件、特别手续	
	标准色确认	是否包含标准色的使用，检验标准色取色范围	
	安全性	安全色使用标准确认、是否遵循载人航天使用规范，并应避免有害材料的使用	
	视认性	色彩方案是否符合视觉认知	
	表色系统的确认	表色系统选用是否合适	
	材料和表面处理工艺的确认	根据 BOM 的材质进行确认	
	装饰清洁和维护	所有表面都应易于清洁和维护	
	装饰耐久性	装饰材料应耐磨损、耐剐蹭，并能抵抗不良污染物、溢出的化学品、油脂、身体排泄物、真菌、湿气、阳光直射、臭氧、空气中的颗粒、清洁剂和去污剂的吸收	
	反射率	颜色会影响表面反射的光量，高反射率会导致眩光的产生，粗糙的表面有助于减少眩光	
	颜色多样性	一个密闭空间不应该始终是统一颜色的	

2.4.3.3 训练反馈

该部分旨在收集航天员对色彩设计的评估和反馈。作为设计的最终用户，航天员的反馈对设计更新至关重要。色彩设计方案首先在训练场景中应用，航天员的主观反馈通过体验量表和访谈日志收集，客观反馈则通过生理和行为参数测量获得。根据设计的内容，色彩设计方案通常可以被设计在航天员的训练中，如心理训练、航天环境因素适应性训练、航天专业技术训练等。

2.4.3.4 设计验收与应用

该阶段为色彩设计方案的系统验收与工程应用环节，基于以人为中心原则，由专家与航天员协同执行回路测试及人-系统性能模型评估，重点验证有效性、效率、满意度 3 项核心指标。通过验收后方案将植入载人航天器并实施在轨数据监测与操作日志记录，未达标则返回迭代优化流程，所有设计数据存档为色彩工效档案。

系统验收可以单项评估或多项综合评估，特别是在完成一次载人航天飞行任务后的综合评价。该评价应基于实际飞行结果，全面、深入地评估航天员和工程设计人员的反馈，特别是对航天器色彩设计的评价。评价结果应结合主观和客观两方面，并考虑人、机、环境 3 个因素。

2.4.4 载人航天器色彩设计与人因评价流程

综上，载人航天器色彩设计与人因评价流程如图 2-36 所示。

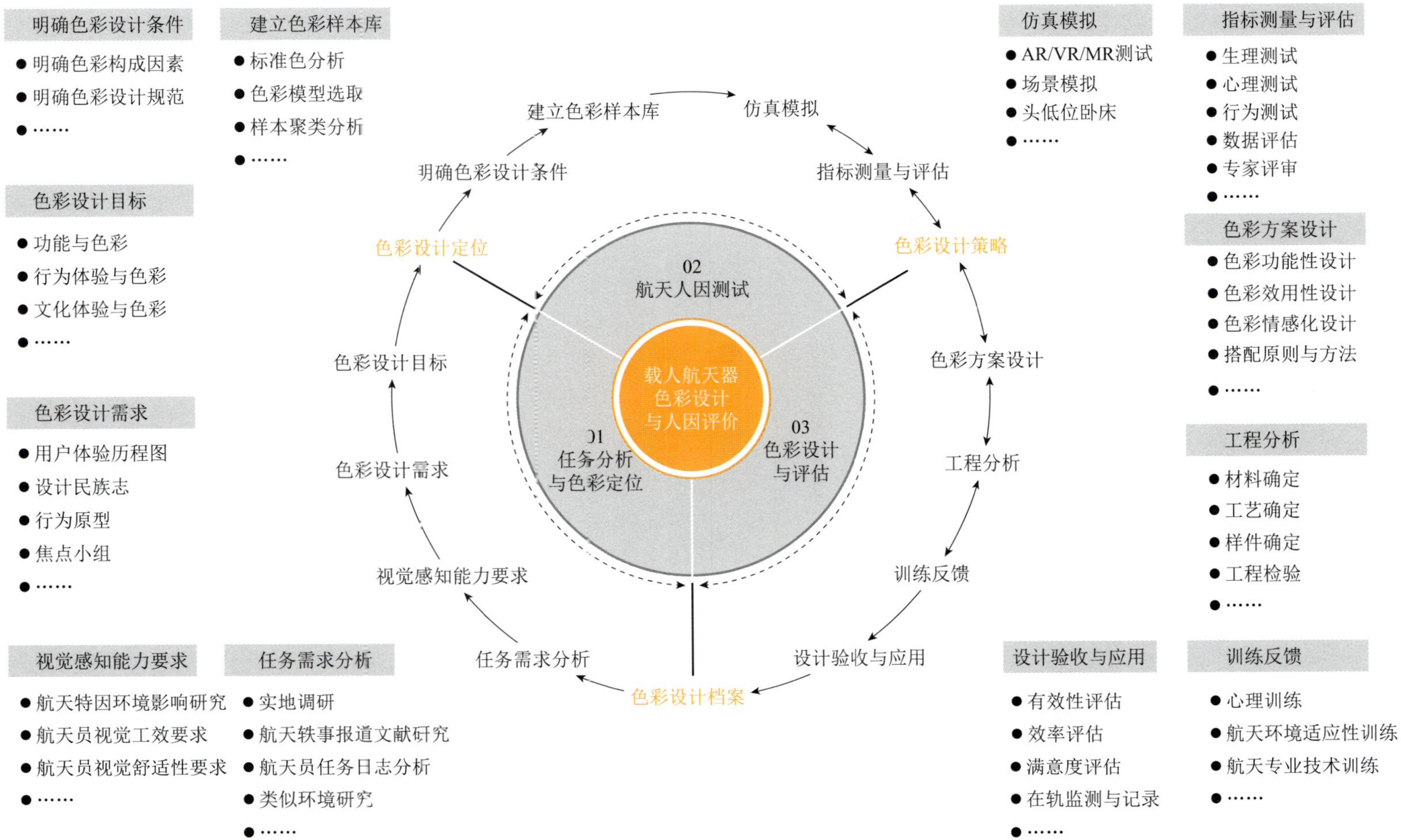

图 2-36　载人航天器色彩设计与人因评价流程

参考文献

[1]胡添元,许成鑫,魏传锋,等.基于系统工程的载人航天器人机界面总体设计方法[J].航天器环境工程,2017,34(1):76-80.

[2]郭宝柱."系统工程"辨析[J].航天器工程,2013,22(4):1-6.

[3]NASA. NASA 系统工程手册[M].朱一凡,李群,杨峰,等,译.北京:电子工业出版社,2012:4-6.

[4]唐纳德·A.诺曼.设计心理学[M].梅琼,译.北京:中信出版社,2003.

[5]蒂姆·布朗著.IDEO,设计改变一切[M].侯婷,何瑞青,译.杭州:浙江教育出版社,2019.

[6]陈世海.通用设计[M].北京:北京理工大学出版社,2018.

[7]苏胜,宋志强,顾森,等.军用舱室色彩感知下配色方法研究[J].西安工业大学学报,2022(1):42.

[8]邓丽.舱室人机界面布局设计与评估优化方法研究[D].西安:西北工业大学,2016.

[9]王俞.基于人因工程的顶模系统施工安全评价系统的构建[D].沈阳:沈阳建筑大学,2021.

[10]王奥博.复杂人机系统人因工程评估指标体系动态构建技术研究[D].北京:北京交通大学,2020.

[11]贾卫.基于人因要素的产品色彩设计研究[J].美术教育研究,2017(24):62-63.

[12]冯纾.中间视觉下 VDT 背景色视觉工效研究与应用[D].绵阳:西南科技大学,2018.

[13] NANKI N P. Colours, visual display design and ergonomics theme [C]// FORM. REFORM. TRANSFORM. The Pink City Design Confluence, 12-16 March 2022. World Design Organization (WDO), 2022.

[14]BRAUN C C,KLINE P B SILVER N C. The influence of colour on warning label perceptions[J]International Journal of Industrial Ergonomics,1995,15. 179-187.

[15]KUO L W,CHANG T Y,LAI C C. Research on product design modeling image and color psychological test [J]Displays,2022,71:102-108.

[16]陈善广,王春慧,陈晓萍,等.长期空间飞行中人的作业能力变化特性研究[J].航天医学与医学工程,2015,28(1):1-10.

[17]刘相,刘玉庆,朱秀庆,等.基于虚拟现实的航天员舱内导航训练方法[J].计算机辅助设计与图形学学报,2017,29(1):101-107.

[18]杨宁.民机驾驶舱显示系统色彩标准的研究[J].电脑知识与技术,2017,13(26):174-175,185.

[19]马洁帆.家用医疗产品 CMF 设计研究[D].徐州:中国矿业大学,2021.

[20]李中付,余浩,时粉周,等.船舶舱室色彩搭配对船员工效影响研究[J].船舶工程,2014,36(1):82-86.

[21]丁满,袁云磊,张新新,等.基于深度学习的产品色彩情感化设计[J].计算机集成制造系统,2023,29(5):1647-1656.

第3章　载人航天在轨睡眠区色彩设计探索与评测

设计背景

近年来，随着科学与技术的发展，中长期载人航天活动日益频繁，其中航天飞行对睡眠的影响及防护方法受到广泛关注，逐渐成为航天医学的新研究前沿[1]。睡眠是维系身心健康的关键生理活动，其质量直接影响认知和工作表现。在长期航天任务中，由负性情绪引发的睡眠问题是地外生存的重要风险因素[2]。载人航天环境中的微重力、噪声等物理应激源易引发乘员焦虑、抑郁等负面情绪，严重时可导致任务提前终止[3]。负面情绪会影响航天员工作表现和飞行安全，长期的情绪压力还会损害身心健康，诱发神经疾病[4]。NASA等航天组织针对长期载人航天睡眠问题，提出通过提升航天器适居性、研究特因环境影响机制等策略，优化在轨睡眠环境并提供心理支持[5]。

色彩作为人机环境系统的关键要素，直接影响系统效率和人员身心健康，是空间环境设计中调节情绪适居性的核心因素[6]。工作环境中的色彩对人的情绪既会产生积极的影响，也会产生消极的影响[7]。合理运用色彩可提升人员情绪、视觉工作能力及舒适度，增强环境适居性[8]。在空间站睡眠区等狭小环境中，色彩设计是调节情绪适居性的核心因素，对情绪调节具有显著作用。

本研究通过模拟航天情绪刺激源，从色彩设计角度探讨载人航天器睡眠区环境色对乘员情绪的影响，旨在优化空间站等密闭环境色彩，改善睡眠质量，为乘员提供心理支持。

3.1　阶段一：任务分析与设计定位

3.1.1　载人航天睡眠相关问题研究

1976年起，太空睡眠问题引发关注。7项研究对177名航天员数据分析显示，太空飞行期间平均睡眠时间为6小时，低于地面的7小时[9]。在收集到的852份睡眠日志中，96份报告提到了促进睡眠的药物，18份报告提到了两次服用安眠药[10]。Gundel等人研究了和平号空间站航天员的睡眠状况，发现他们第一个快速眼动(REM)阶段的潜伏期很短，导致航天员难以从睡眠中快速清醒，睡眠效率低下，这被定义为“太空失眠症”[11]。Stuster通过分析宇航员日记发现宇航员无法快速从睡眠转换为清醒，并且在飞行后期会感到非常疲劳[12]。

火星500项目通过520天模拟研究发现，长期禁闭导致志愿者睡眠质量恶化，觉醒时间改变，认知能力和积极情绪降低，结果存在显著个体差异[13]。“月宫 365”实验显示，4 名受试者在第 21、42、63 天的尿液褪黑激素测试中，无日光条件下褪黑激素峰值延迟，抑郁、焦虑情绪增加[14]。研究发现，25 名南极研究人员对蓝光的视网膜敏感性增加，昼夜节律稳定性降低，睡眠活动更加分散[15]。这些研究支持了隔离、密闭空间对睡眠和情绪的不利影响。

航天员太空睡眠问题主要源于生理心理不适、舱内环境因素、工作安排失调及昼夜节律紊乱[16]。吴斌等人针对航天员在轨睡眠问题提出 7 种对策[17]，图 3-1 所示为航天员在轨睡眠问题及对抗措施。

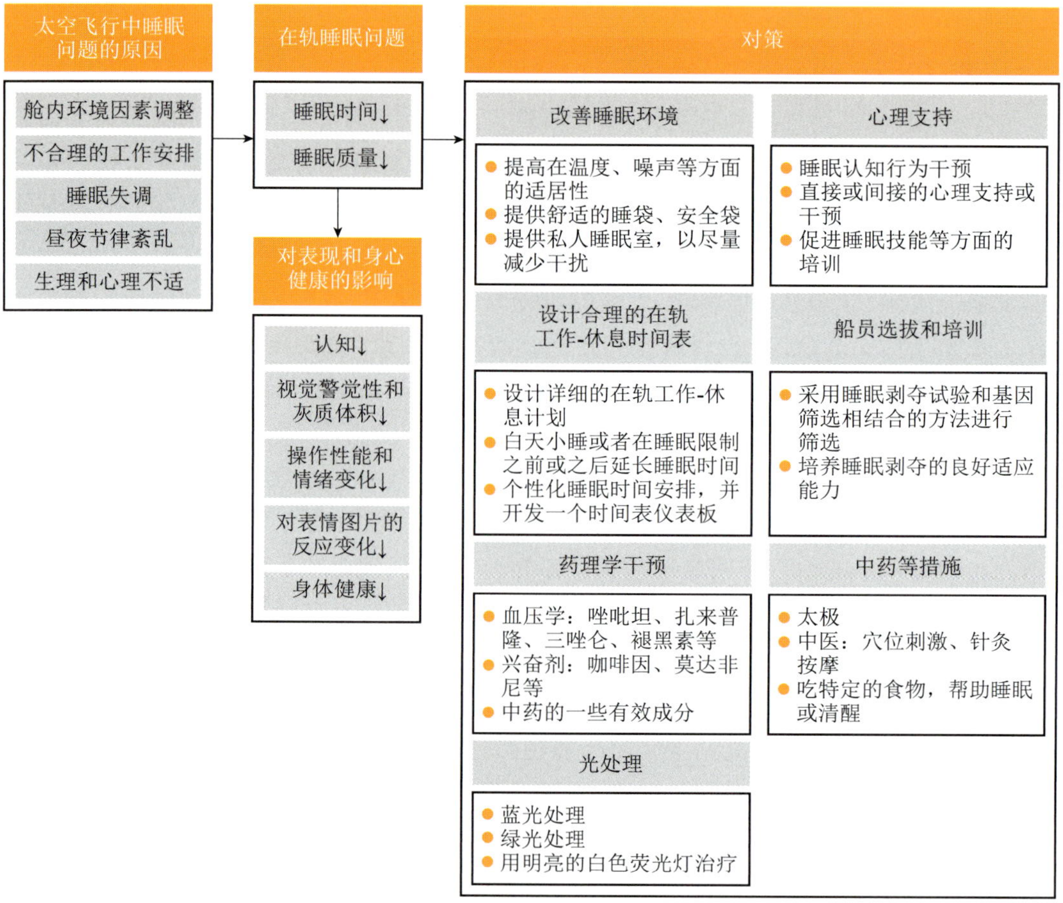

图 3-1　航天员在轨睡眠问题及对抗措施

3.1.2　载人航天睡眠与情绪研究

长期的载人航天实践表明，太空和深海探索中的隔离环境易引发显著的心理生理问题，亟待开发有效的情绪和睡眠调节方法[18]。抑郁、焦虑等负面情绪，个性改变及船员冲突等心理反应易引发睡眠问题，加剧身心不适[19]。情绪与睡眠密切相关，研究证明睡前的情绪状态会影响当晚的睡眠质量，具体表现为不同睡眠阶段以及睡眠微结构会发生细微改变[20]。研究显示，负性情绪与睡眠质量呈显著负相关，负性情绪增加导致入睡时间延长、睡眠质量下降[21]。积极情绪会直接影响睡眠质量，促进睡眠效率的提升[22]。在隔离、密闭环境中，寻找无副作用的提升情绪和睡眠质量的方法尤为重要。

地面模拟实验显示，72 小时睡眠剥夺导致受试者焦虑、情绪困惑评分上升，积极情绪下降，对负性情绪更敏感[19]。“月宫 365”实验表明，绿色植物和 3000 K 色温环境可协同改善情绪，提升睡眠效率，缩短睡眠潜伏期，而高色温则不利于睡眠[23]。上述研究表明，缓解航天员的负性情绪/增加积极情绪的心理支持策略可能是解决太空睡眠问题的一种好方法。良好睡前情绪能促进优质睡眠。空间站睡眠区需确保航天员休息充足。研究睡眠区色彩的情绪适居性，优化色彩环境，改善航天员在轨睡眠时间与质量，对提升睡眠区适居性意义重大。

3.1.3　睡眠区相关要素研究

在载人航天任务中，乘员的充足睡眠与休息是任务高效完成和健康生活的基础。短期任务中睡眠问题尚可容忍，但长期任务中睡眠不足会影响情绪和行为。睡眠对维持乘员的身心愉悦、注意力和警觉性至关重要。NASA 的《人-系统整合标准》强调，空间站设计应确保乘员舒适高效地工作和生活[24]。如 NASA-STD-3000 与 NASA-STD-3001 对睡眠系统在功能分区、空间尺度及人机布局等方面提出了具体要求，成为航天器人因工程设计的重要参考。

3.1.4　睡眠区色彩环境特征

3.1.4.1　隔离环境下的睡眠区

由于空间站睡眠区资料有限，本小节通过对比极地、微型公寓及交通工具等相似环境，系统归纳狭小密闭隔离环境下的睡眠区环境特征和视觉需求。

（1）在轨睡眠区

早期阿波罗登月舱空间仅 4.53 m^3，可容纳两名航天员完成全部生活工作，并配备三角形舷窗用于舱外监测。阿波罗登月舱未设置严格分区，通过吊床实现睡眠休息，设计以工程优先，色彩以白色为主，强调人适应机器而非机器适应人，其空间布局方式如图 3-2 所示。

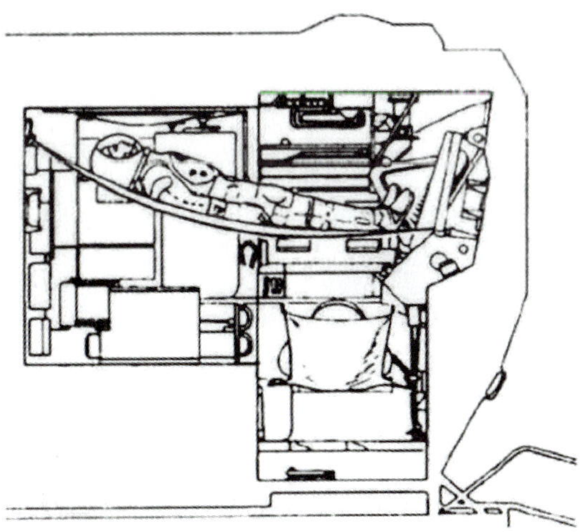

图 3-2　阿波罗登月舱

图片来源：NASA. Rest positions of Apollo crew members in Lunar Module while on lunar surface[EB/OL]. (2024-08-17)[2025-03-05]. https://commons.wikimedia.org/wiki/File:Apollo_LM_crew_rest_positions.jpg.

国际空间站的航天员通常在和谐号节点舱或俄罗斯舱段休息，居住空间类似电话亭，分为前、后和舱壁两侧 3 部分。前侧设有工作台，配备两台电脑（CSS 用于工作、通信，CSL 用于浏览地球信息）。两侧挂有衣物、电子设备、零食和饮用水。后部有可展开的睡袋，绑在舱壁上防止飘动。顶部有顶灯和扬声器，紧急时发出警报。睡眠区可关灯模拟地球黑夜，调整生物节律。空间站睡眠区以白/米白色为主，但整体色彩设计仍显单调，如图 3-3 所示。

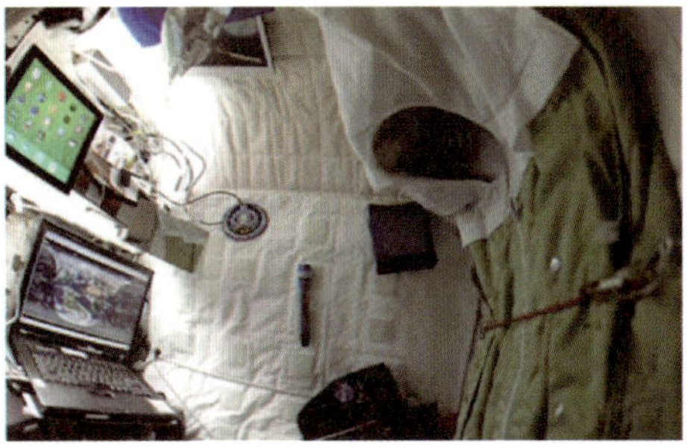

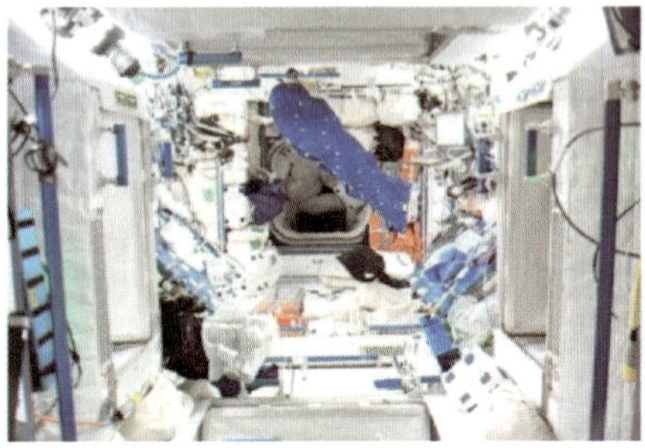

图 3-3 国际空间站睡眠区

图片来源：暖风美食. 真的是天上一日地下一年吗？看完以后涨知识[EB/OL]. (2018-11-11)[2025-03-03]. https://www.163.com/dy/article/E09RBH9U05422W91.html.

无言之名. 人真的可以在太空休眠几百年吗[EB/OL]. (2022-02-22)[2025-03-03]. http://www.360doc.com/content/22/0222/13/71559740_1018520842.shtml.

中国核心舱设立了专门的睡眠区段，可供多人使用。单个睡眠区约 3 m^3，更为宽敞舒适。天河一号核心舱营造了天地上下的环境感，帮助航天员识别方向。睡眠区采用横向布局，与国际空间站的随意布置不同。舱内设置舷窗，航天员可观察天空景色，整体布局与地面环境相似，旨在帮助航天员更好地适应太空环境。环境设施与国际空间站类似，配备可调光壁灯及四周收纳装置，用于存放私人物品。舱壁以白色为主，搭配黑蓝定位装置，睡袋采用蓝色，并融入中国结、五星红旗等文化元素，整体设计较之前有显著提升，如图 3-4 所示。

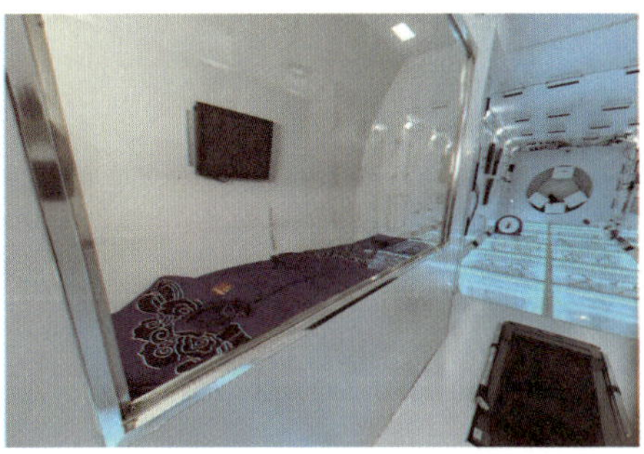

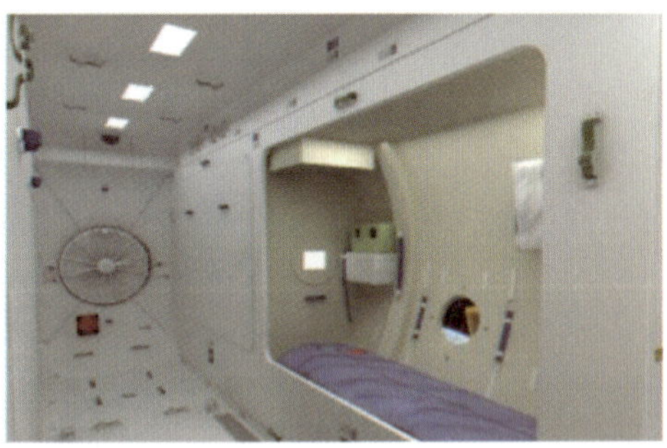

图 3-4 中国核心舱睡眠区

图片来源：湖北日报. 天和核心舱什么样？看过来[EB/OL]. (2024-04-23)[2025-03-05]. https://it.sohu.com/a/773814105_121372103.

北京永定合科技有限公司. 航空航天模型特点是什么？多科学知识的结合[EB/OL]. (2023-02-14)[2025-03-03]. http://www.bj-ydh.com/NewsStd_552.html.

（2）极地环境

极地科考站与载人航天环境虽同狭小密闭，但科考站睡眠设施更为完善，空间宽敞如高档酒店，配备窗户及家庭式家具，舒适度远超航天器睡眠区。哈雷六号科考站居住室采用暖色及红、蓝、绿等鲜艳色彩，丰富极地单调环境，为科考人员提供心理支持，如图 3-5 所示。

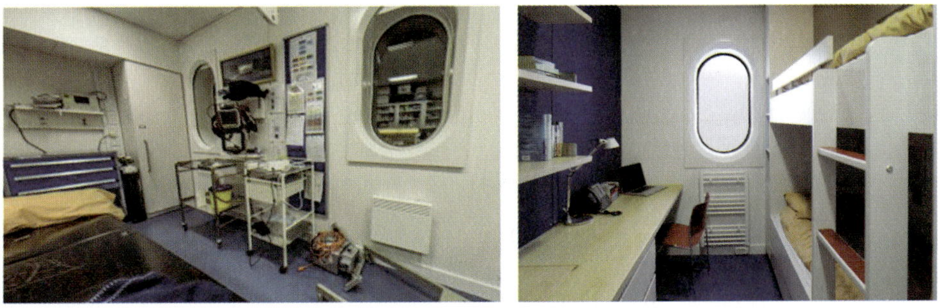

图 3-5　哈雷六号科考站居住室

图片来源：SHA T Y. 一个去到哈雷六号南极科考站的科学家[EB/OL]. (2017-02-10)[2025-03-03]. http://www.hereinuk.com/162947.html.

极客视界. 在零下 50℃的南极，到底该怎么建房子？[EB/OL]. (2017-01-10)[2025-03-05]. https://www.sohu.com/a/123888982-105527.

（3）地面微小公寓环境

公寓环境在色彩应用方面较为丰富，主色调以白色、暖色为主。James 设计的 Opod 水管屋就使用了柠檬黄，使人感到心情愉悦。在辅助色和装饰色上则是选取了较为厚重的深色，以维持稳定感。整体风格较为简洁，基本与家居环境设计相似，如图 3-6 所示。

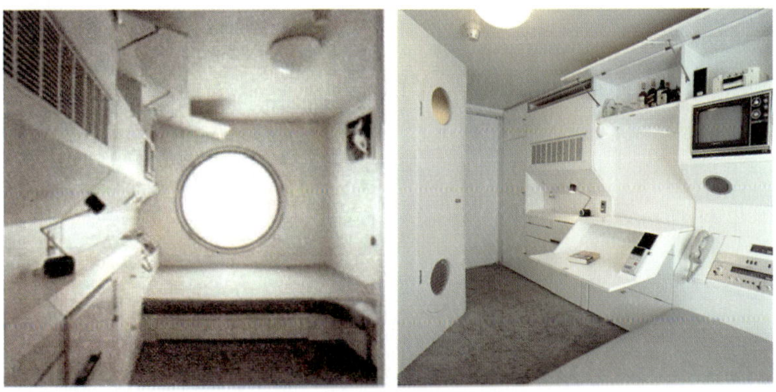

图 3-6　微小公寓环境

图片来源：希庇亚.【建筑·设计】中银胶囊塔[EB/OL]. (2021-08-16)[2025-03-03]. https://www.douban.com/group/topic/242718263/? _i=8448707OARW5w7.

睡眠区作为航天器中至关重要的区域，其主要职责在于为航天员提供充足的睡眠、休息以及娱乐空间。目前，这一区域配备了寝具、照明设备、窗户以及收纳设施等一系列基本要素。然而，未来的睡眠区应当进一步演变为乘员的私密居住领域，以充分满足他们的情感和个性化需求。

睡眠区的色彩载体包括空间环境、功能性设施和装饰性部件，它们因属性不同而在睡眠区发挥各异的作用。空间环境指四周、顶部和底部舱壁，其色彩功能涵盖情绪支持、视觉空间、视觉稳定和区域划分。睡眠区色彩载体功能特征见表 3-1。

表 3-1　睡眠区色彩载体功能特征

色彩载体	色彩功能	主要部件	色彩特征
空间环境	情绪支持 视觉空间 视觉稳定 区域划分	四周舱壁、顶壁、底壁	可以为乘员提供情绪感受，以及调整视觉空间大小、视觉稳定感和区域划分
功能设施	信息识别 功能/区域划分 警示 装饰	寝具（卧具、衣服被褥等）、收纳装置、电子产品、舷窗、壁灯、警示标识、扬声器等部件	帮助乘员更好地获取信息内容，如大小、位置、特征，含义；不同功能/区域划分；提供警示信息；部分设施仅为装饰作用
装饰性部件	环境协调 装饰点缀 功能/区域划分	装饰带/条、服饰花纹等装饰性元素符号	协调整体空间色彩；对物体进行色彩点缀；不同功能/区域划分

3.1.4.2　睡眠区功效要求

在失重环境中，平坦的表面区域对于乘员在睡觉时固定自身位置尤为重要。而在部分重力环境中，睡眠区域则必须保持水平。

《人整合设计手册》指出，影响睡眠的关键因素包括舒适性、环境条件（温光噪风）、疾病用药、心理压力、工作负荷、睡眠方式、进餐时间、睡眠系统设计及为适应任务而进行的睡眠调整。在这些因素当中，舒适性、心理压力、睡眠系统设计是情绪适居性色彩设计关注的要点。

3.1.4.3　睡眠区系统功能及设计考虑因素

睡眠系统类型和体积的选择取决于飞行时间、任务方案和可提供空间的大小。睡眠系统的安装应分成不同的规模水平，其包括睡眠区、床、个人空间、公用空间以及更大的、包含废弃物处理和卫生处理的私人空间[24]。

3.1.5　设计需求

3.1.5.1　头脑风暴

基于中长期载人航天任务背景，进行头脑风暴发散，从而获取更为详细和准确的设计需求。该阶段主要包括以下 4 个流程：

①通过头脑风暴进行思维发散。设计小组人员共计 6 名，研究方向均为载人航天人因工程，要求在 10 min 内，描述太空旅行中睡眠区内会进行的活动或者睡眠区应具备哪些功能。

②对列出的功能进行分类，划分子级功能。

③筛选并整理功能。

④根据调研内容及相关乘员需求，增加一些必要“辅助功能”。

最终头脑风暴发散图如图 3-7 所示。

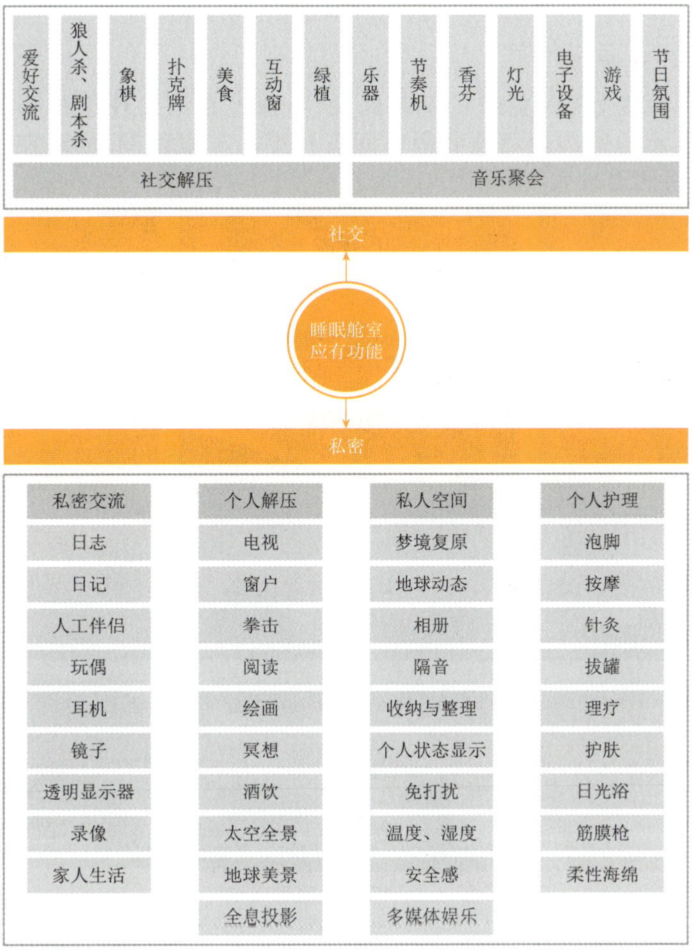

图 3-7　头脑风暴法散图

3.1.5.2　设计需求整理

经头脑风暴，将需求分为基础功能、私密活动、公共活动 3 类。在航天环境下，睡眠区要营造舒适环境，保证舱室基本功能，做好区域划分，满足私密与公共活动需求。睡眠区设计布局取决于功能，结合相关规范及研究，表 3-2 列出睡眠区系统功能及相应设计考虑因素[24]。

表 3-2　睡眠区系统功能及相应设计考虑因素

系统	功能	设计考虑
睡眠系统	起床	闹钟或信号器；充分照明
	穿脱衣服	足够空间；私密性（即“门”）；束缚；衣服及其他个人物品存放
	整饰	镜子；整饰用品存放；靠近个人卫生设备
	休闲	与亲友和家庭的通信；娱乐材料、书籍、音像和游戏等；舷窗；通风和温度控制；失重情况下的束缚；辐射防护；审美上舒适的环境
	睡眠准备	衣服存放；靠近身体废弃物处理和个人卫生设备；私密性
	睡眠	最低限度噪声；私密性；光线调节；被褥；束缚；通风和温度控制；辐射防护；最低水平振动
	应急	警报；与其他乘员或地面的双向通信；应急照明；合适的舱门和通道，能源供应
	工作	私密性；工作站
	收纳	私密性；衣物、私人物品、电子娱乐设备、照片等；存取容易

3.1.5.3 设计情绪版

收集了目前一些理念较为先进的睡眠区设计，通过总结发现这些睡眠区设计简洁，科技、科幻感十足；色彩的恰当运用使睡眠空间设计更加丰富协调，同时在色彩选用方面，白色、浅色及冷色使用比重较大，如图 3-8 所示。

图 3-8 相关睡眠区设计

图片来源：课题组自绘，下同.

3.1.5.4 色彩设计目标

基于载人航天器色彩设计模型，通过色彩设计应达到以下设计目标。

(1)本能层设计

此层次要营造舒适睡眠区环境，色彩设计聚焦整体，关注乘员最初感受，引发情感心理变化。本能层设计是核心目标，要让乘员感觉良好，增加舒适度与适居性。

(2)行为层设计

行为层设计，首先，关注睡眠区空间视觉设计，借色彩合理运用拓展狭小空间；其次，在功能器件上用颜色标签帮助航天员识别；最后，考虑睡眠区稳定感，营造空间方向感。

(3)反思层设计

载人航天器睡眠区也应考虑反思层设计，如关注整体设计的协调、有序性，以及如何营造我国载人航天器睡眠区的设计风格与特点。

3.2 阶段二：载人航天在轨睡眠区情绪适居性色彩评估实验

本研究采用 VR 影片诱发中性与负性情绪，通过主观问卷和脑电信号分析，探讨睡眠舱室环境色对乘员情绪的影响。实验聚焦色彩对生理和心理的具体作用。

3.2.1　色彩样本库构建

通过网络爬虫，从国际空间站、极地科考站、交通工具睡眠区及九大租赁网站卧室中采集色彩样本，经筛选获得 500 张意向图片，参考 Palmer 和 Schloss[25] 选取颜色样本的方法，将收集到的 500 张色彩意向图片按照色相进行图片分类。

K-means 算法通过最小化距离实现聚类，将相似像素归为同一簇。其特点在于簇内相似度高、簇间相似度低，适用于提取图像主体颜色。色彩聚类流程如图 3-9 所示。

原图像 → 读取图像并转换数据类型 → 构造K-means聚类器进行聚类 → 获取聚类中心点 → 主颜色数据可视化

图 3-9　色彩聚类流程

在 python 中导入需要的相关库（Pillow，Matplotlib，Numpy，collections，scikit-learn，Pandas，webcolors，math，json，argparse），构造 K-means 聚类器进行聚类，对于每幅图像设定 5 个颜色簇，并将其作为该幅图像的调色板。图像颜色量化结果如图 3-10 所示。

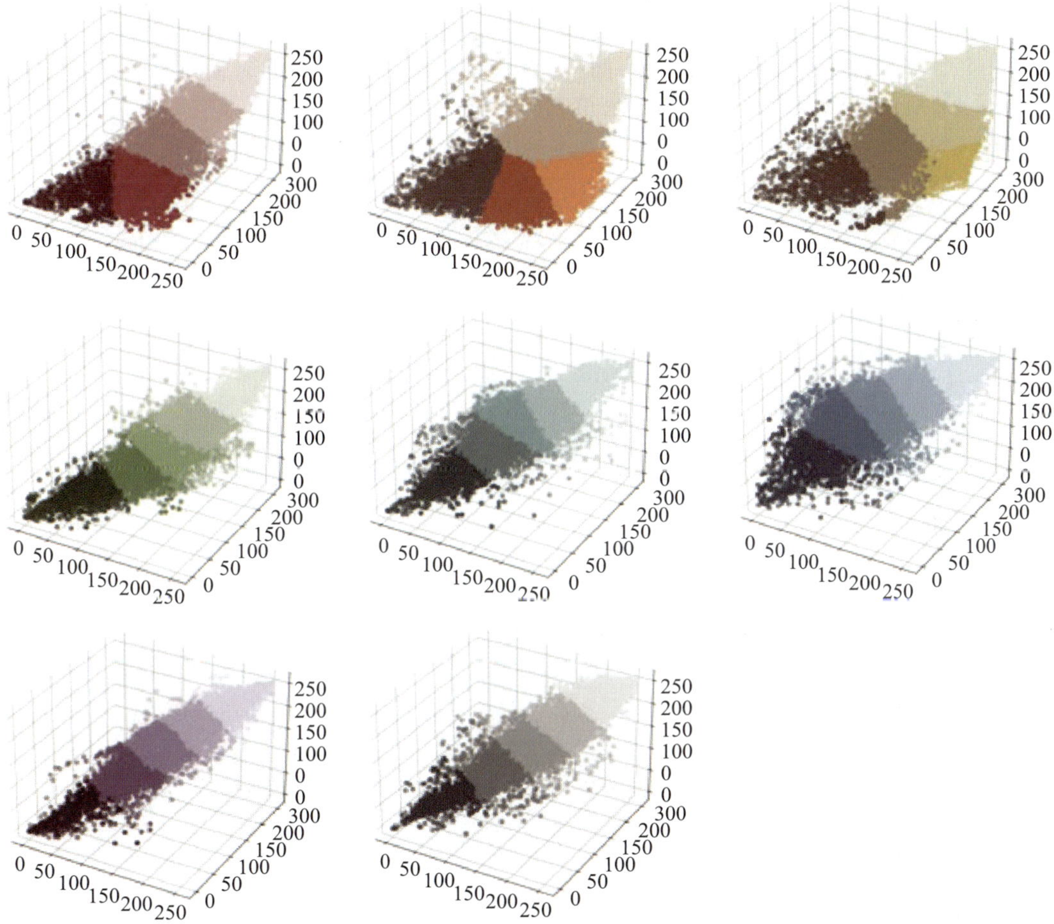

图 3-10　K-means 聚类色彩可视化

低饱和、高明度的色彩会使人感到更加放松、舒适，基于此原则，在阶段二构建的色彩数据库中选取各色相中最低饱和度且最低明度的色彩，共计得到 8 种色彩样本。此外，目前建筑空间大多采用纯白色，由于色彩图片及提取原因，纯白色样本未被提取，故增加一种纯白色样本，共计得到 9 种色彩样本，见表 3-3。

表 3-3 环境色彩样本

序号	颜色	色样	R	G	B	L	a	b
1	红色		235	221	220	89.1	4.6	2.1
2	橙色		233	223	213	89.3	1.7	6.1
3	黄色		222	216	201	86.4	-0.5	8.1
4	绿色		22	225	215	81.3	−46.0	−7.8
5	青色		220	236	231	92.1	−6.2	0.6
6	蓝色		214	221	231	88.5	−2.1	4.8
7	紫色		219	207	227	84.6	7.8	−8.4
8	灰色		213	213	213	85.3	0.0	0.0
9	白色		255	255	255	100	0.0	0.0

3.2.2 VR 模拟环境搭建

这项研究以中国空间站核心舱睡眠区环境为原型，选取在轨航天器单独舱段作为睡眠区，并参考相关国际空间站环境构造及配置要求进行空间创意方案构建。睡眠区被划分为 7 个空间，其中 6 个空间为面积等大的睡眠舱，面积大约为 3 m^2，可供 6 人同时使用。每个舱室配备一个舷窗，受空间结构因素影响并结合乘员居住环境面积因素，舱室内部空间呈梯形；中间部分为走廊，是乘员公共活动空间。最终创意方案——睡眠舱空间环境构建如图 3-11 所示。

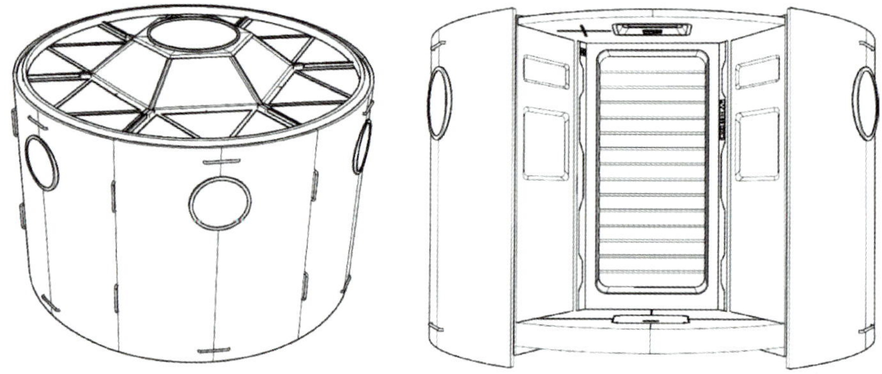

图 3-11 睡眠舱空间环境构建

依据上述选定的颜色样本，利用 3D 渲染软件进行场景肤色渲染，构建 VR 模拟睡眠舱环境，最终效果如图 3-12 所示。

图 3-12 睡眠舱色彩环境

3.2.3　人因测试

3.2.3.1　情绪诱发预实验

从学校招募 30 名受试者，均为在校大学生，男女各 15 人，年龄(22.5±2.5)岁，均为右利手，视力正常，无精神病史，实验前均已签署知情同意书。参考 Gross 评定情绪影片片段的原则筛选实验材料，共收集中性及负性情绪刺激片段各 9 段，视频平均长度为 60～90 s。

实验前，向受试者解释过程并佩戴 VR 头盔，静息 3 min。实验分为中性情绪和负性情绪两组，每组 9 个试次。为防干扰，组内情绪刺激随机出现。观看后，受试者进行 1～7 级的情绪效价和唤醒度评分。实验流程如图 3-13 所示。

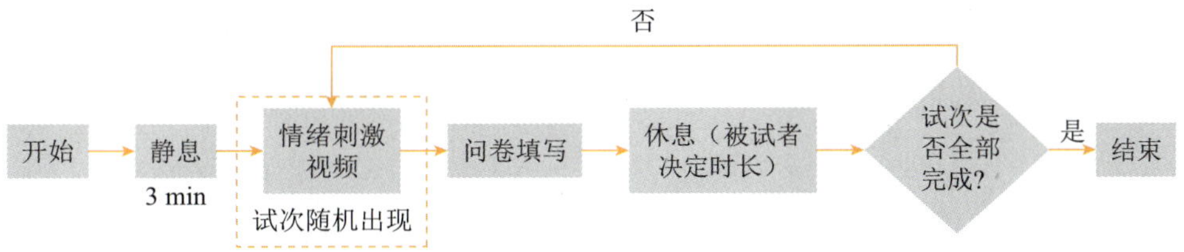

图 3-13　情绪诱发实验流程

整理实验数据，对电影种类进行方差分析，发现不同种类对情绪效价和唤醒度有显著差异；中性情绪和负性情绪电影的情绪效价和唤醒度均无显著差异(表 3-4)。

综上，不同情绪电影种类存在显著差异，同类型电影不同片段间无显著差异，表明选取的影片片段能有效激活受试者情绪，使其处于中性/负性情绪状态，可作为实验的情绪诱发材料。

表 3-4　两种情绪影片的情绪效价和唤醒度的评分结果

中性情绪影片					负性情绪影片				
情绪效价			唤醒度			情绪效价		唤醒度	
编号	M	SD	M	SD	编号	M	SD	M	SD
1	4.90	1.24	4.70	1.12	1	2.67	1.18	6.03	1.19
2	5.17	0.95	4.90	1.27	2	2.2	1.30	6.37	0.85
3	5.40	1.04	5.00	1.29	3	2.4	1.10	5.40	1.48
4	5.10	0.76	5.13	1.17	4	2.63	1.00	5.23	1.25
5	4.93	1.17	5.00	1.29	5	2.97	1.16	5.47	1.28
6	5.00	0.98	4.47	1.63	6	2.3	1.34	6.03	0.85
7	4.90	1.03	4.33	1.37	7	2.57	0.97	5.73	1.14
8	4.80	0.89	4.30	1.39	8	2.13	1.14	6.23	1.07
9	5.20	1.06	5.17	0.99	9	2.27	1.31	6.10	0.99

3.2.3.2　正式实验

(1)志愿者

从学校招募 35 名右利手志愿者，男女比例约 1∶1，年龄 20～25 岁，无重大疾病或精神病史，视力与色觉正常。实验前一周避免饮酒、摄入咖啡因、吸烟及服用处方药。志愿者分为两组，分别在上午和晚上完成测试，实验前详细说明流程与注意事项，所有人签署知情同意书。

(2)实验流程

实验在某大学虚拟仿真实验室进行，环境安静、温度适宜，具备电磁屏蔽条件。使用QUICK-20 干电极多导联 EEG 系统采集脑电信号，采用国际标准 10-20 系统布局。实验前向受试者说明流程与注意事项。为模拟航天员在轨状态，受试者进行－6°头低位卧床约30 min，保持情绪平静后，戴上脑电设备和 VR 头盔，在黑暗环境中开始实验，保持安静与静止以确保沉浸感，如图 3-14 所示。

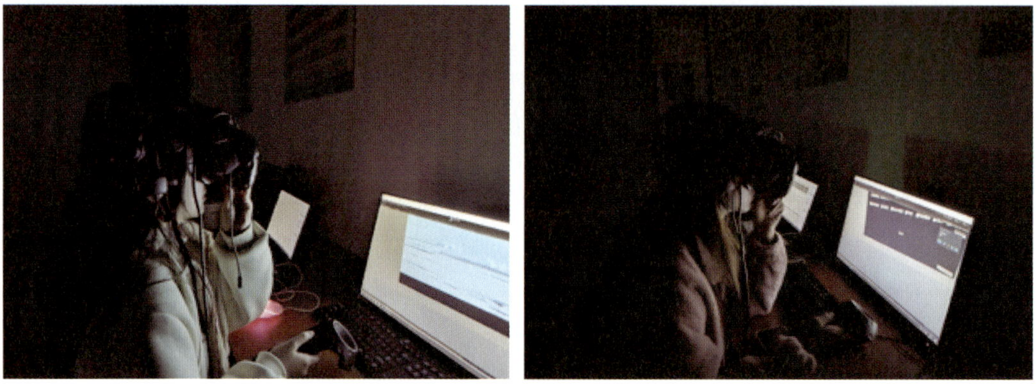

图 3-14　实验环境

正式实验分为中性组和负性组，每组 9 个试次。为避免情绪干扰，正性和负性试次分开进行。每个试次包括观看情绪诱发片段(60～90 s)、体验 VR 模拟睡眠区色彩环境(30 s)，然后进行主观问卷评价(舒适度及情绪缓解度，评分 1～7)。试次间休息平复情绪，实验在 Unity 游戏引擎内编写。实验流程如图 3-15 所示。

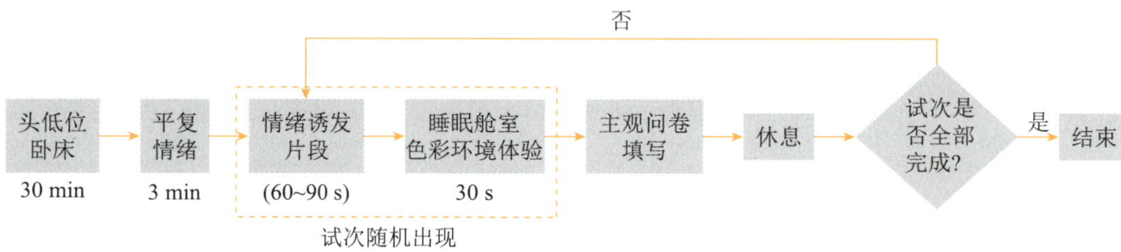

图 3-15　实验流程

(3)数据采集与处理

本实验共有 35 名受试者参与，其中 5 名受试者在实验过程中部分实验数据未完整采集，因此最终得到 30 份受试者的主观问卷评价和脑电数据，其中男性受试者和女性受试者各 15 名。

本书从行为学和脑电信号两方面观察受试者表现。色彩对空间环境影响显著，不当设计可能引发心理或生理不适，因此评估色彩至关重要。行为学评价指标包括情绪缓解度和视觉舒适度：前者指色彩环境对应激状态下情绪的改善水平；后者指色彩环境诱导的视觉舒适主观状态，可转化为心理感受，描述对当前色彩环境的满意度。研究采用 7 级李克特量表。

在实验中，受试者易受环境和生理活动干扰，导致脑电数据出现伪迹，需进行预处理：降采样、去除伪声、带通滤波和空间滤波。同时，将时域特征转化为频域特征，导出各频段脑电波功率值，在 Brain Vision Analyzer 2.2 中处理分析。使用 IBM SPSS 17.0 对主观问卷进行统计分析，对舒适度、缓解度进行多因素方差分析，考虑情绪状态(中性/负性)、色彩环境(多种颜色)和性别(男女)等因素。

3.2.3.3　结果

(1)主观问卷评价结果

①舒适度分析。

多因素方差分析显示,色彩环境在舒适度上有显著差异,其余自变量及交互作用均无显著差异($p>0.05$)。对色彩环境变量进行事后比较发现,橙色环境相对于其他色彩环境均具有显著性差异,且舒适度得分最低;蓝色环境相对于绿色和白色环境无显著性差异,相对于其他色彩环境均表现出显著性差异,且舒适度得分最高(图 3-16)。

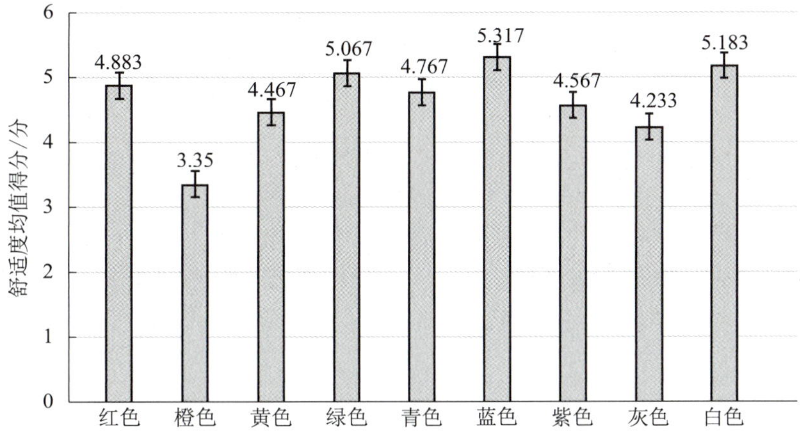

图 3-16　不同色彩环境下舒适度得分

色彩环境按暖色(红、橙、黄)、冷色(绿、青、蓝、紫)、无彩色(灰、白)分类,方差分析显示色彩环境有显著变化。事后比较表明,暖色环境对冷色及无彩色环境均呈现显著差异,且舒适度评分低于冷色和无彩色环境;冷色与无彩色环境无显著差异。3 种色彩环境舒适度得分如图 3-17 所示。

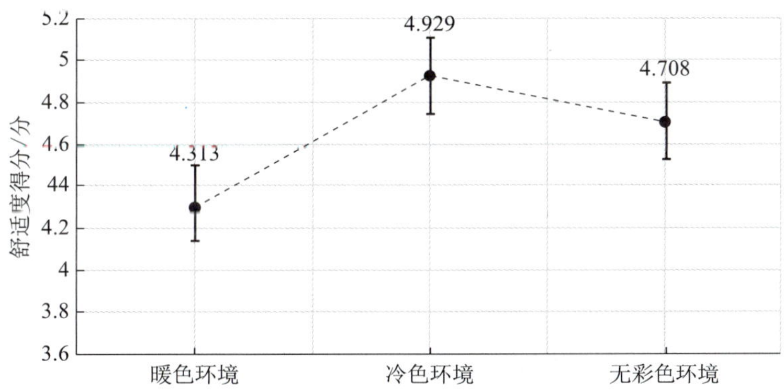

图 3-17　不同环境类别下舒适度得分

不同色彩环境下受试者舒适度有显著差异,冷色和无彩色环境优于暖色环境,蓝色、白色及绿色环境评分均达 5 分以上,舒适性较好;性别和情绪状态对舒适度评分无影响。

②缓解度分析。

在缓解度评分上,色彩环境、情绪状态和性别均有显著性差异,自变量交互作用无显著性差异($p>0.05$)。在缓解度评分上,中性情绪较负性情绪均值差值为 MD=−0.237,SD=0.099;男生较女生均值差值为 MD=−0.223,SD=0.099。橙色环境在色彩环境中具有显著性差异，蓝色环境的舒适度得分最高(图 3-18)。

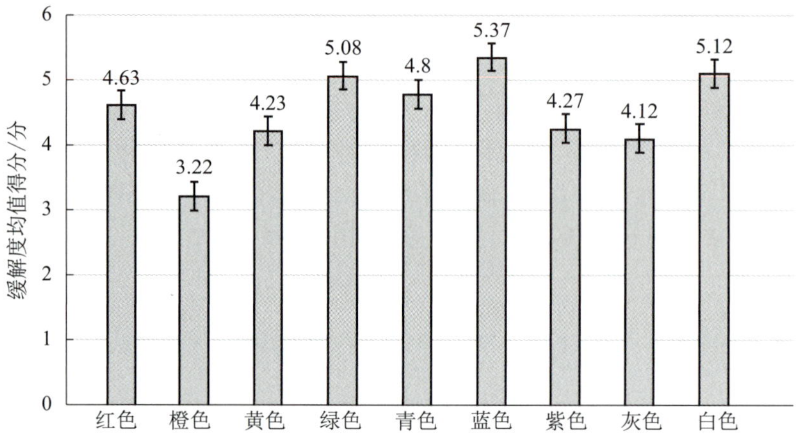

图 3-18　不同色彩环境下缓解度得分

色彩环境按暖色(红、橙、黄)、冷色(绿、青、蓝、紫)、无彩色(灰、白)分类，方差分析显示色彩环境有显著变化。事后比较表明，暖色环境对冷色及无彩色均呈现显著差异，且缓解度评分低于冷色和无彩色环境；冷色与无彩色环境无显著差异。3 种色彩环境缓解度得分如图3-19 所示。

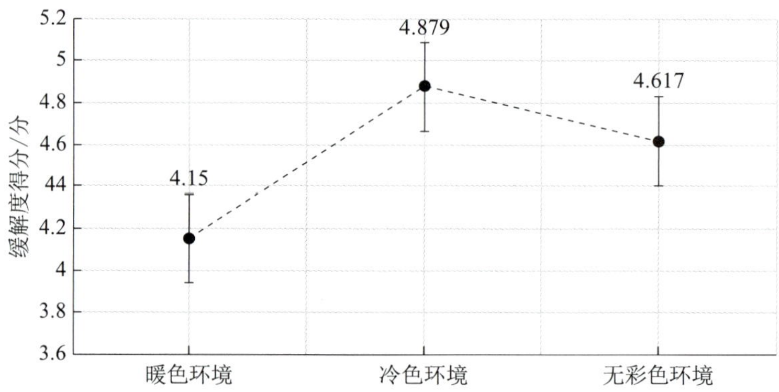

图 3-19　不同环境类别下缓解度得分

研究表明，色彩环境、情绪状态和性别显著影响舒适度。冷色和无彩色环境(如蓝、白、绿)缓解度评分高于暖色环境。负性情绪者及女性对色彩环境的缓解感受更显著。

(2)脑电数据结果

许多神经心理学研究报告指出了脑电图信号和情感之间的关联性[26]。人类大脑皮层分为额叶、颞叶、顶叶和枕叶，各司其职。前额皮质为情绪中枢，参与意识、情绪和动机活动；颞叶负责情绪、语言、听觉及记忆处理。

研究表明，α 频带变化在左右大脑半球与情绪相关，右额叶变化多与负面情绪(恐惧、厌恶)有关，左额叶与中性或积极情绪相关[27]。β 波变化与情绪效价和唤醒度相关，高唤醒刺激下颞叶 β 波能量显著增加[28]。因此，探讨愉悦度与脑电信号相关性时，应关注额叶区和顶叶区的 α 波波形；研究唤醒度与脑电信号关联时，颞叶区 β 波波形为重点。

在情绪研究领域，大脑半球效价假设认为，正性情绪主要由前额左侧处理，而负性情绪则由前额右侧处理[29]。脑活动与波能量成反比，积极情绪时左额波能量下降，消极情绪时右额波能量下降。有研究通过分析额叶、顶叶 α 波和颞叶 β 波的左右脑电平均功率值比值，分别评估愉悦度和唤醒度[26]。

①α 波平均功率值对比。

在中性情绪条件下，男性和女性的额叶区在冷色环境中脑电功率比值最小(MD＝0.65,SD＝0.108)，无彩色环境次之(MD＝0.66,SD＝0.083)，暖色环境中功率比值最高(MD＝0.72,SD＝0.11)。在顶叶区，无彩色环境中脑电功率比值最低(MD＝0.72,SD＝0.055)，冷色环境次之(MD＝0.81,SD＝0.14)，暖色环境最高(MD＝0.88,SD＝0.09)。在蓝色环境中，男性与女性的额叶及顶叶区域的脑电功率比值均为最低，表明该环境下的愉悦性最高，白色环境次之(表 3-5)。

表 3-5　中性情绪下不同色彩环境 α 波相对脑电功率比值

色彩	额叶(男)	额叶(女)	顶叶(男)	顶叶(女)
红色	0.81	0.62	0.85	1.04
橙色	0.91	0.63	0.96	0.81
黄色	0.75	0.62	0.82	0.80
绿色	0.75	0.54	0.90	0.84
青色	0.76	0.58	0.90	0.98
蓝色	0.61	0.50	0.66	0.55
紫色	0.82	0.63	0.92	0.76
灰色	0.73	0.66	0.81	0.70
白色	0.73	0.53	0.71	0.66

在负性情绪状态下，男性与女性的额叶区在冷色环境中的脑电功率比值最低(MD＝0.78,SD＝0.09)，无彩色环境次之(MD＝0.69,SD＝0.06)，暖色环境最高(MD＝0.77,SD＝0.04)。在顶叶区，冷色环境显示出最低脑电功率比值(MD＝0.86,SD＝0.094)，无彩色环境次之(MD＝0.99,SD＝0.10)，暖色环境最高(MD＝1.08,SD＝0.142)。在蓝色环境中，男性与女性的额叶与顶叶区域脑电功率比值均为最低，显示出更高的愉悦性体验(表 3-6)。

表 3-6　负性情绪下不同色彩环境 α 波相对脑电功率比值

色彩	额叶(男)	额叶(女)	顶叶(男)	顶叶(女)
红色	0.83	0.74	0.96	0.92
橙色	0.81	0.73	0.91	1.29
黄色	0.79	0.74	1.03	1.20
绿色	0.66	0.65	0.94	0.94
青色	0.80	0.73	0.99	0.88
蓝色	0.60	0.49	0.79	1.29
紫色	0.79	0.63	0.86	0.67
灰色	0.77	0.69	1.10	1.08
白色	0.70	0.59	0.86	0.91

综上，中性情绪下受试者额叶、顶叶的脑电功率比值小于负性情绪下额叶、顶叶的脑电功率比值。

②β 波平均功率值对比。

在中性情绪状态下，男性和女性在冷色环境中额叶区脑电功率最低（MD＝0.78，SD＝0.09），无彩色环境次之（MD＝0.69，SD＝0.06），暖色环境最高（MD＝0.77，SD＝0.04）。在冷色环境中顶叶区最低（MD＝0.86，SD＝0.094），无彩色环境次之（MD＝0.99，SD＝0.10），暖色环境最高（MD＝1.08，SD＝0.142）。在蓝色环境中，男性与女性的颞叶脑电功率最低，愉悦性最好（表 3-7）。

表 3-7　中性情绪下不同色彩环境 β 波相对脑电功率比值

色彩	颞叶（男）	颞叶（女）
红色	1.11	0.74
橙色	0.86	0.80
黄色	0.81	0.79
绿色	0.75	0.57
青色	0.81	0.74
蓝色	0.75	0.50
紫色	0.99	0.77
灰色	0.93	0.74
白色	0.78	0.61

在负性情绪状态下，男性和女性颞叶区冷色环境功率比值最低（MD＝0.73，SD＝0.139），无彩色环境次之（MD＝0.77，SD＝0.114），暖色环境最高（MD＝0.85，SD＝0.12）。在蓝色环境中，男性与女性的颞叶区脑电功率比值最低，唤醒度最佳，白色环境次之（表 3-8）。

表 3-8　负性情绪下不同色彩环境 β 波相对脑电功率比值

色彩	颞叶（男）	颞叶（女）
红色	1.20	0.84
橙色	0.96	0.76
黄色	1.17	0.84
绿色	0.83	0.65
青色	0.89	0.77
蓝色	0.60	0.59
紫色	0.86	0.79
灰色	1.14	0.75
白色	0.66	0.64

综上，中性情绪下受试者颞叶的脑电功率比值小于负性情绪下颞叶的脑电功率比值。

3.2.3.4 讨论

研究表明，脑电信号中愉悦度和唤醒度越高，睡眠区色彩环境对情绪的缓解和视觉舒适度越强，证实色彩环境在生理和心理层面均能有效调节情绪。在情绪中性及负性状态下，冷色（蓝、绿）和无彩色（白）环境整体优于暖色，尤其在改善负性情绪方面效果显著。

暖色系色彩往往会给人前进、膨胀的感受，冷色系色彩则给人后退、收缩的感受，如在狭小的舱室空间中涂上浅蓝色会显得空间更为宽敞[30]。研究表明，蓝色和绿色能使人放松，缓解焦虑，而橙色和黄色则刺激情绪，使人兴奋[31]。在另一项空间站卫生区情绪适居性的色彩设计研究中，暖白色被认为是生理信号反应最优的色彩数据[32]。先前的研究报告了类似的结果，白色对情绪有积极的影响，白色可能提供了轻松、明亮和温暖的感觉。

3.3 阶段三：载人航天在轨睡眠区色彩设计实践

3.3.1 睡眠区环境空间方案设计

3.3.1.1 睡眠区环境空间方案构思

睡眠区设计重整体布局，避免琐碎划分，确保色彩连贯以扩大空间感。功能围绕睡眠、休息，布局简洁，色彩层次丰富，减少大规模装饰，营造安静舒适且低情感刺激的环境。

3.3.1.2 内部空间功能设施创意方案构建

根据睡眠区设计需求，内部空间划分为 5 个功能模块：睡眠休息区、收纳功能区、舷窗区、大顶区、地面区，整体布局如图 3-20 所示。

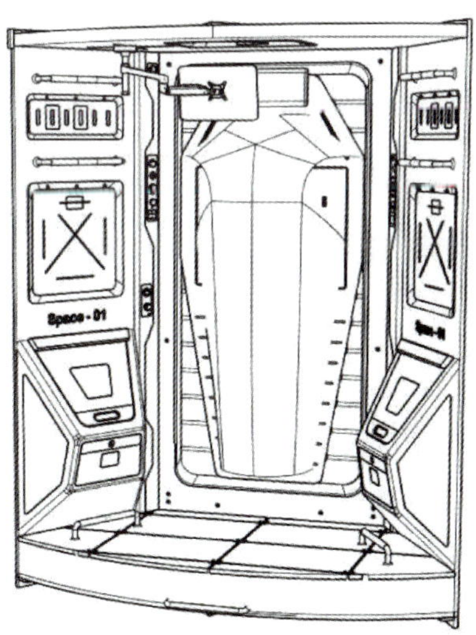

图 3-20　功能设施方案构建

(1)睡眠休息区

睡眠休息区模块主要包括寝具设计与控制系统,如图 3-21 所示。

太空无重力,航天员采用站立睡姿,用可调绑带和硬质睡袋固定保温。睡袋快速插在睡板上,上半部分可独立开合,背后有睡板和睡垫。寝具两侧设多功能控制系统,顶部红色按键加玻璃罩的紧急报警装置防误触。

(2)收纳功能区

收纳功能区在舱壁两侧对称分布,每侧 3 层,如图 3-22 所示。

(3)舷窗区

舷窗区包括舷窗、空气过滤净化、温度调节、音频播报、紧急信息通知及收纳装置,如图 3-23 所示。

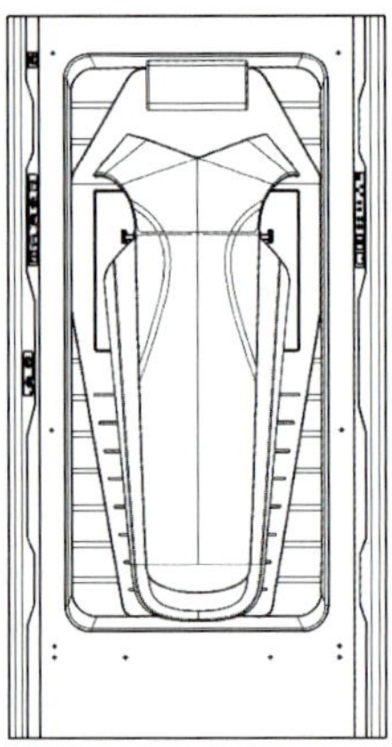

图 3-21　睡眠休息区

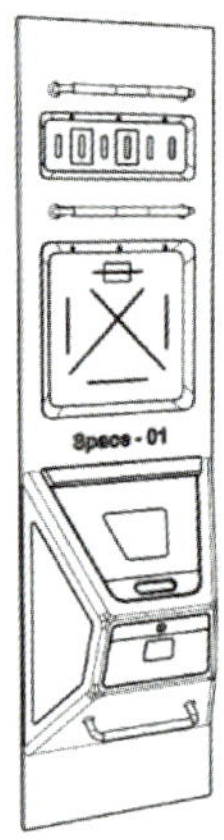

图 3-22　收纳功能区

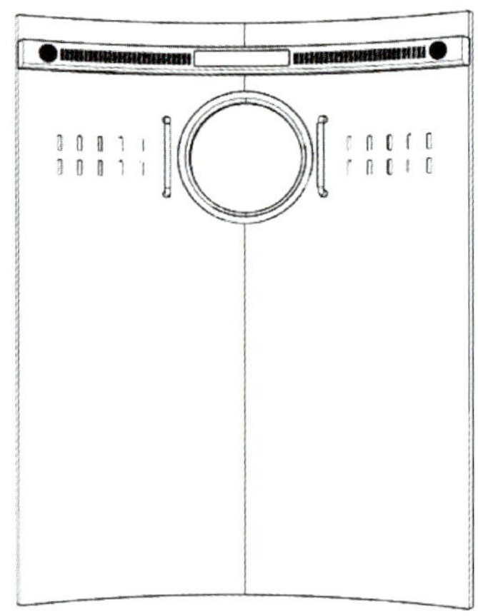

图 3-23　舷窗区

(4)天顶区

天顶区由天花板、灯光组件、娱乐通信设备及室内参数展示屏构成,如图 3-24 所示。

(5)地面区

地面区由地板和杂物放置区构成,如图 3-25 所示。

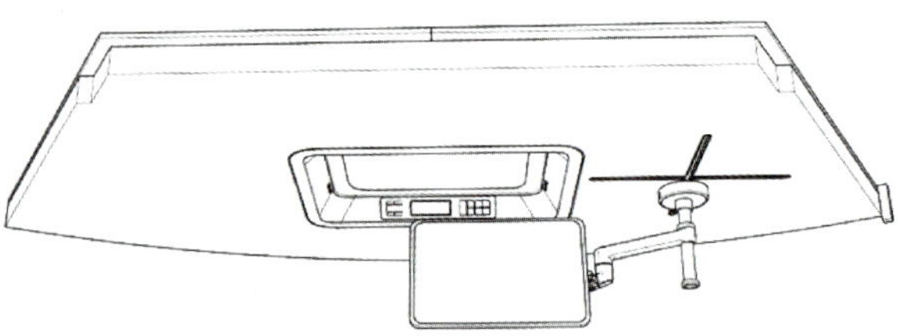

图 3-24　天顶区

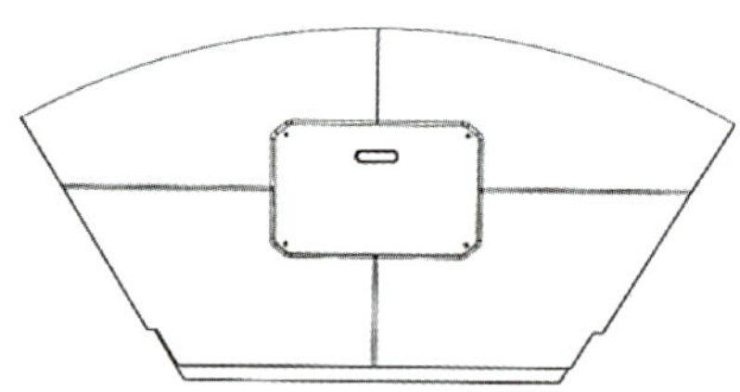

图 3-25　地面区

3.3.2　载人航天器睡眠区色彩设计优化策略

优化载人航天器睡眠区色彩设计的策略是通过模拟航天环境,从生理和主观感受两方面评估,以确定适宜的色彩环境,并作为设计依据。结合舱室色彩设计原则,将实验理论与设计原则有机结合,确保设计的有效性与可靠性。图 3-26 所示为载人航天器睡眠区色彩设计优化策略。

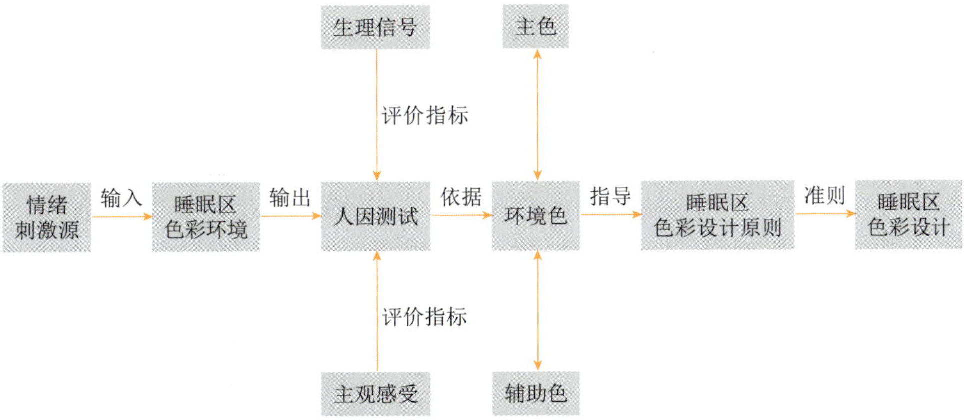

图 3-26　载人航天器睡眠区色彩设计优化策略

3.3.3　睡眠区环境色彩设计原则

在进行睡眠区色彩环境设计时应遵循以下设计原则。

3.3.3.1　情绪支持原则

航天员在长时间、高强度任务中，因密闭隔离环境易产生焦虑、抑郁。睡眠区配色应选用激发积极情绪的色彩组合，如蓝色、冷色及浅色。

3.3.3.2　协调性原则

睡眠区色彩设计应确保整体和谐舒适，避免杂乱。以色彩协调为基本原则，确定主色调后，在统一中寻求变化，营造视觉舒适感，保障乘员身心健康。

3.3.3.3　稳定性原则

在太空微重力环境下，“天地”感觉弱化易导致空间失衡感。舱内色彩按“上浅下深”原则配色，可缓解此现象。

3.3.3.4　调整视觉空间

睡眠区由于较为狭小，色彩应发挥其面积或体积的视觉调整作用。调整时应采用后退性色彩或单纯统一性色彩，从而扩大视觉空间感。

3.3.4　色彩设计实践

3.3.4.1　主色调设计

实验表明，蓝色、白色和绿色适合作为睡眠舱室的环境颜色。为简化设计流程，本次实践在蓝色和白色环境下进行主色调设计，主要针对寝具进行推敲，其他设备则进行简单附色处理，以协调整体色彩。每种色彩环境下进行 7 种设备配色方案，根据主体色彩布局形式的不同，又可分为 3 种形式，因此共 2×7×3＝42 种设计方案。

(1)色彩方案布局一

色彩方案布局设计形式一如图 3-27 所示。

图 3-27　色彩方案布局设计形式一

(2)色彩方案布局二

色彩方案布局设计形式二如图 3-28 所示。

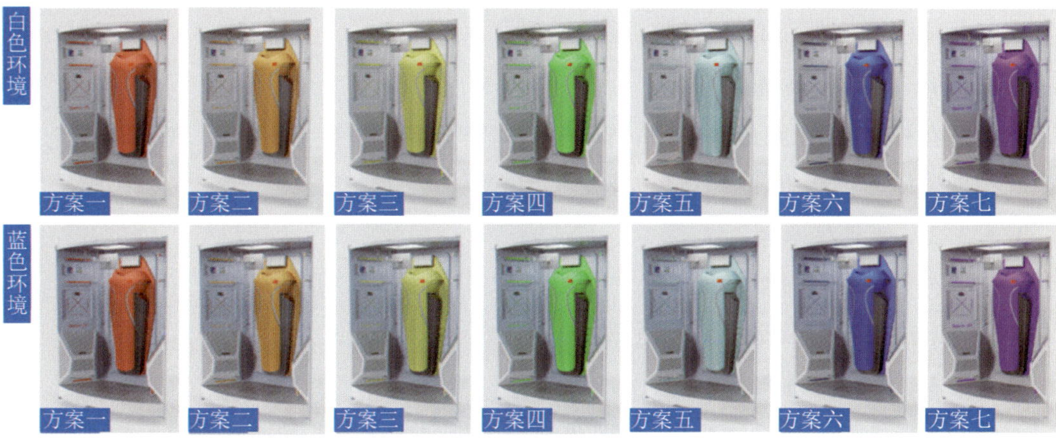

图 3-28　色彩方案布局设计形式二

(3)色彩方案布局三

色彩方案布局设计形式三如图 3-29 所示。

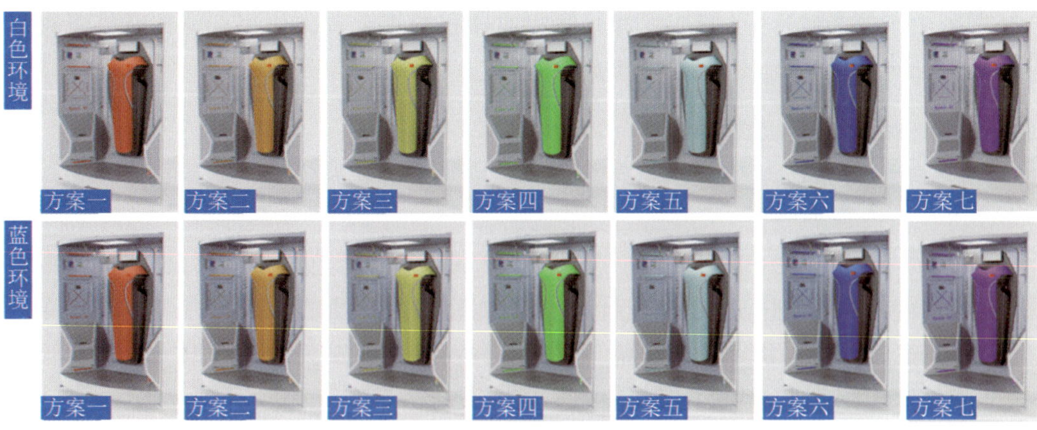

图 3-29　色彩方案布局设计形式三

经小组人员讨论评选,选择色彩方案布局设计形式三中的方案六进行设计深入。

3.3.4.2 辅助色

空间移动装置采用蓝色主色调，与空间站整体协调。收纳绳选用高对比度黄黑，以提升显著性。睡眠区统一色调以扩大视觉效果，加入暖色、对比色和重色。紧急设备使用红、橙等警示色，确保安全与功能兼备。最终色彩方案如图 3-30 所示。

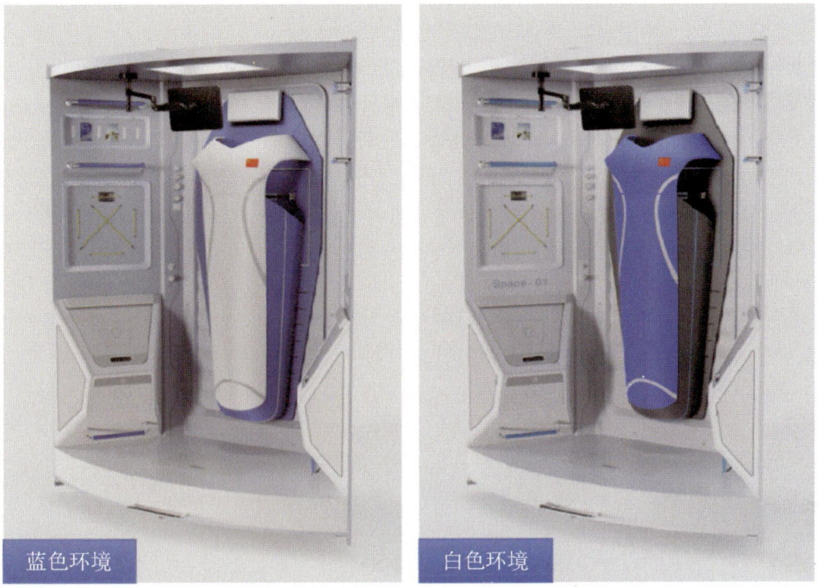

图 3-30 载人航天器睡眠区色彩方案

参考文献

[1]吴斌，许东，武晓瑞，等. 睡眠：航天医学一个新的研究前沿[C]//中国睡眠研究会第十二届全国学术年会论文汇编，2020-10-09.

[2]张其吉，白延强. 载人航天中的若干心理问题[J]. 航天医学与医学工程，1999，12(2)：69-73.

[3]吴斌，陈善广. 航天员选拔与训练[J]. 科学，2008，60(6)：43-46.

[4]秦海波，白延强，吴斌，等. 载人航天飞行中的情绪研究进展[J]航天医学与医学工程，2012，25(4)：302-305.

[5]WU B，WANG Y，WU X R，et al. On-orbit sleep problems of astronauts and countermeasures[J]. Military Medical Research，2018，5(3)：251-262.

[6]SAVAVIBOOL N，GATERSLEBEN B，MOORAPUN C. The effects of colour in work environment：a systematic review[J]. Environment-Behaviour Proceedings Journal，2016，10(4)：262-270.

[7]STONE N J，ENGLISH A J. Task type，posters，and workspace color on mood，satisfaction，and performance[J]. Journal of Environm ental Psychology，1998，18(2)：175-185.

[8]JIANG A，FOING B H，SCHLACHT I L，et al. Colour schemes to reduce stress response in the hygiene area of a space station：a Delphi study[J]. Applied Ergonomics，2022，98：103573.

[9]EVANS-FLYNN E，GREGORY K，ARSINTESCU L，et al. Risk of performance decrements and adverse health outcomes resulting from sleep loss，circadian desynchronization，and work overload[R]. NASA JSCCN-34196. Houston：Johnson Space Center，2015.

[10]BARGER L K，FLYNN-EVANS E E，KUBEY A，et al. Prevalence of sleep deficiency and use of hypnotic drugs in astronauts before，during，and after spaceflight：an observational study[J]. Lancet

Neurology,2014,13(9):904-912.

[11]GUNDEL A,POLYAKOV W,ZULLEY J. The alteration of human sleep and circadian rhythms during spaceflight[J]. Journal of Sleep Research,1997,6(1):1-8.

[12]STUSTER J. Behavioral issues associated with long-duration space expeditions:review and analysis of astronaut journals experiment 01-E104 final report[R]. Johnson Space Center,Houston,TX,TM-2010-216130. JSC-CN-21128. Santa Barbara,California. 2010:32-33.

[13]PAGEL J I,CHOUK`ER A. Effects of isolation and confinement on humans-implications for manned space explorations[J]. Journal of Applied Physiology,2016,120(12):1449-1457.

[14]MENG C,WANG W,HAO Z K,et al. Investigation on the influence of isolated environment on human psychological and physiological health[J]. Science of the Total Environment,2020,716(10):136972.

[15]KAWASAKI A, WISNIEWSKI S, HEALEY B, et al. Impact of long-term daylight deprivation on retinal light sensitivity,circadian rhythms and sleep during the Antarctic winter[J]. Scientific Reports,2018,1(1):16185.

[16]FLYNN-EVANS E E,BARGER L K,KUBEY A A,et al. Circadian misalignment affects sleep and medication use before and during spaceflight[J].NPJ Microgravity,2016,2:15019.

[17]KANAS N,MANZEY D.Space psychology and psychiatry[M].Berlin:Springer,2008.

[18]CZEISLER C A.Impact of sleepiness and sleep deficiency on public health-utility of biomarkers[J]. Journal of Clinical Sleep Medicine,2011,7(5 Suppl):S6-S8.

[19]WU B, LIU X Y, JING X L, et al. Effects of 72 h sleep deprivation under narrow and isolated environment on emotion,cognition and performance[C].19th IAA Humans in Space Symposium,2013.

[20]TALAMINI L M,BRINGMANN L F,DE BOER M,et al.Sleeping worries away or worrying away sleep? Physiological evidence on sleep-emotion interactions[J].PloS One,2013,8(5):e62480.

[21]游兰香. 大学生焦虑敏感、情绪调节与睡眠质量的状况及关系研究[D]. 福州:福建师范大学,2009.

[22]马杰. 服刑人员睡眠质量与正负性情绪、睡眠信念及正念的相关性[D]. 济南:山东大学,2019.

[23]ZHANG W Z,LIU H,LI Z M,et al. Synergistic effects of edible plants with light environment on the emotion and sleep of humans in long-duration isolated environment[J]. Life Sciences in Space Research,2020,24:42-49.

[24]陈善广,姜国华,陈欣,等. 人整合设计手册[M]. 北京:中国宇航出版社,2017:481-484.

[25]PALMER S E,SCHLOSS K B. An ecological valence theory of human color preference[J]. Proceedings of the National Academy of Sciences of the United States of America,2010,107(19):8877-8882.

[26] ALARCÃO M, FONSECA M J. Emotions recognition using EEG signals: a survey[J]. IEEE Transactions on Affective Computing,2019,10(3):374-393.

[27]JATUPAIBOON N,PAN-NGUM S,ISRASENA P. Emotion classification using minimal EEG channels and frequency bands[C]. The 2013 10th International Joint Conference on Computer Science and Software Engineering (JCSSE)Khon Koen,Thailand 2013.

[28]HUANG D,GUAN C,ANG K K,et al. Asymmetric spatial pattern for EEG-based emotion detection[C]. The 2012 International Joint Conference on Neural Networks (IJCNN),IEEE,2012:1-7.

[29]YU X K, LI Z J, ZANG Z B, et al. Real-time EEG-based emotion recognition[J]. Sensors, 2023, 23(18):7853.

[30]胡晓芳,梁斌,汤皓泉. 舰艇生活舱室色彩设计方法初探[J]. 中国舰船研究,2012,7(1):52-56.

[31]ZIELINSKI P. An arousal effect of colors saturation:a study of self-reported ratings and electrodermal responses[J]. Journal of Psychophysiology,2016,30(1):9-16.

[32]江奥. 基于情绪适居性的空间站卫生区色彩设计研究[D]. 湘潭:湘潭大学,2019.

第 4 章　载人航天在轨锻炼区色彩设计探索与评测

设计背景

航天员在太空长期驻留，必须定期进行运动锻炼，增强心血管功能、骨骼密度、肌肉等组织对失重条件的适应能力[1]。在轨开展运动锻炼是目前采取的主要预防措施，也是研究的热点。相关航天医学研究表明，通过合理的下体负压技术、锻炼及药物能够维持航天员在太空的健康水平[2]。微重力环境下，航天员需借助专用设备进行锻炼，以维持骨骼、肌肉健康和心脏功能[3]。

现阶段，太空站中的锻炼区环境色还是和工作区环境色一致，这种空间单一的环境容易造成舒适感降低，易致疲劳，易影响载人航天任务，尤其是预防空间病的产生。密闭隔离的空间环境下的视觉设计对航天员的身体和心理舒适度，以及环境具有很大的影响。被束缚的感觉会不可避免地引起航天员的生理及心理状态变化[4]。

研究表明，色彩能影响人的心理状态，如红色比橙色和黄色更容易调动运动员的情绪兴奋性；而蓝色和绿色对运动员兴奋性的降低可能优于紫色[5-8]。有学者认为，暖色系具有向前、凸出的视觉效果，冷色系则有向后、推远的效果[9]。

另有研究表明，不同的色彩对人的生理及心理影响是不同的，运用适当的色彩能有效提高人的工作效能，排除不良影响[4]。因此，色彩作为系统中的重要内容，开展锻炼区色彩设计研究是载人航天器人机界面设计的重要课题。

4.1　阶段一：任务分析与设计定位

4.1.1　太空中锻炼面临的问题及对策

我国航天医学研究起步于 20 世纪 60 年代，经历了多年的准备与发展，自 2005 年杨利伟圆满完成首次载人任务后，伴随着多次载人飞行实践，形成了以乘员健康监测、失重生理效应防护应用、在轨心理支持和营养食品保障为主要内容的保障体系[2]。

在轨防护锻炼主要面临以下问题：①对航天员生理系统的运动防护机制认知不足；②设备工效学设计不足，实际负荷强度常低于设计标准；③设备安装维护耗时；④锻炼区环境色彩单一，区域划分模糊，易引发视觉疲劳和心理压抑；⑤密闭环境易产生空间束缚感，影响身心状态。需优化运动方案与负荷参数关系，研发高适人性装备，同时加强环境色彩分区设计及心理支持系统建设，缓解航天员身心压力[10-13]。

4.1.2 锻炼区调研

4.1.2.1 空间站锻炼区环境特征分析

现阶段中国空间站内部以白色为主色调，空间开阔。核心舱内，太空跑台设于工作区至睡眠区通道中部，呈一字形布局：两侧为带蓝色把手的设备收纳立面，面朝工作区方向，闲置时可嵌入地板；太空自行车位于独立工作区，背靠设备平台，正对操作界面，周边活动空间较为宽敞。图 4-1 所示为中国空间站锻炼区。

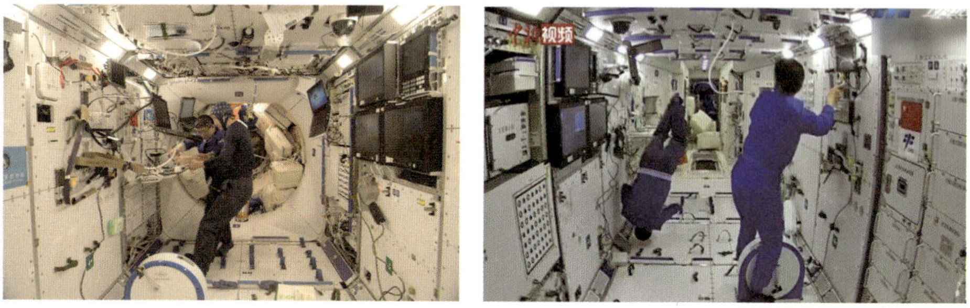

图 4-1 中国空间站锻炼区

图片来源：汪丹."天宫"运行常态化，这些巡天前景太让人期待！[EB/OL]. 2023-03-07[2025-03-05]. https://news.bjd.com.cn/2023/03/07/10358195.shtml.

中国新闻网. 三室一卫、Wi-Fi 覆盖 住在中国空间站很舒心[EB/OL].（2021-07-17）[2025-03-03]. https://m.chinanews.com/wap/detail/cht/sp/ft9522103.shtml.

在国际空间站中，锻炼区域主要运用的色彩是简洁的白色，其部件为深灰色和较高饱和度的蓝色，除此之外，不乏红色、黄色颜色存在，这样的色彩运用主要起标识编码、点缀装饰的作用。

国际空间站节点舱是太空自行车所在的舱段，它位于命运号实验舱工作区域中的过道位置，自行车的主体框架是灰色的，底部和前方分别有不少蓝色的把手和一些黄色警示的组件，如图 4-2 所示。

图 4-2 国际空间站有氧单车锻炼区

图片来源：NASA. Astronaut Exercise[EB/OL].（2024-05-29）[2025-03-01]. https://www.nasa.gov/missions/station/iss-research/astronaut-exercise/.

图 4-3 所示是国际空间站宁静号舱跑台所处的环境，它位于宁静号节点舱与团结号节点舱连接处，跑台的主体是底部的跑带和直立着带金属银色的跑台扶手，以及周围蓝色的扶手，跑台的右侧和背面是卡其色的布料。

图 4-4 所示是高级阻力锻炼设备所处的环境，它位于宁静号节点舱中，阻力锻炼设备的部件较多，主体是由蓝色的各个部件组成，搭配了较高饱和度的黄色部件和黑色的踏板，周围也有蓝色的扶手。

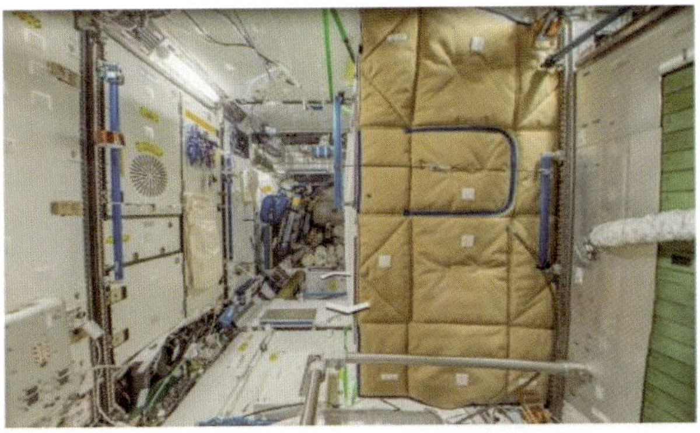

图 4-3　国际空间站跑步机锻炼区

图片来源：Google 艺术与文化[EB/OL].（2017-07-29）[2025-03-01]. https://weibo.com/3754703961/FeBEUaC9o?type=repost.

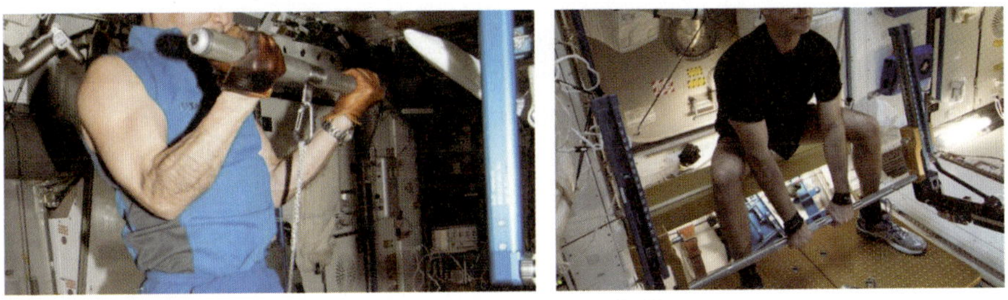

图 4-4　国际空间站抗阻锻炼区

图片来源：俄罗斯卫星通讯社. 图集丨多用途的航天研究综合体：国际空间站日常[EB/OL].（2018-11-26）[2025-03-05]. https://www.sohu.com/a/277874852-626761.

大数据文摘. 宇航员太不容易了！研究发现：6 个月太空飞行或导致 20 年永久性骨质流失[EB/OL].（2022-07-04）[2025-03-05]. https://www.example.com/article/123456.

4.1.2.2　其他类似空间锻炼区

（1）潜艇锻炼环境

潜艇舱空间狭窄封闭，光照不足且微缺氧。长期航行易引发船员生物钟紊乱、睡眠不足及运动缺乏，导致每日步数仅 800～2500 步（为陆地的 1/6～1/5），高热量饮食使体重增加 3～4 公斤，加剧心血管负担。需强制锻炼维持体能：每日原地跑步 4 次，每次 5～6 分钟（160～240 步/分钟），总步数 4500～5000 步。训练时用计步器监测，心率控制在 120～130 次/分钟，3～4分钟内恢复基准值。图 4-5 所示为舰艇锻炼环境。

图 4-5　舰艇锻炼环境

图片来源：晶陆. 日本“大鲸”级潜艇舱室首度公开[EB/OL].（2024-01-05）[2025-03-03]. https://www.163.com/dy/article/INN3L02Q0553VVD9.html.

心中的麦田. 为何“人”待在潜艇最高纪录只有 90 天，但却可以在太空待 438 天？[EB/OL].（2024-07-23）[2025-03-03]. https://www.163.com/dy/article/J7QGV7EK0521F5QQ.html.

(2)船舶舰艇锻炼环境

1966 年,美国海军修订《舰艇适居性材料目录》,要求所有舰艇配备运动器材,每周开展有氧、柔韧性和力量训练。其他国家如英国通过视觉试验探讨环境对人体的影响。国内对于颜色的运用也有一些探讨,如颜色对于人的心理作用和适合居住舱的颜色搭配等,但是以民用船舶为主,并没有涉及水面舰船居住环境的特殊性[11,12]。图 4-6 所示为中国某舰艇锻炼舱室环境。

图 4-6 中国某舰艇锻炼舱室环境

图片来源:人民海军.想要环游世界?想要诗与远方?参军来海军吧[EB/OL].(2023-03-02)[2025-03-03].https://news.qq.com/rain/a/20230302A0526Z00.

邵旭峰视界.来看全球最强战舰内部长啥样?[EB/OL].(2019-04-19)[2025-03-03].https://www.sohu.com/a/308486780_365982?_f=index_chan10news_101.

(3)大型船舶锻炼环境

船舶空间有限,海员常需航行数月,长期幽闭环境及恶劣因素易引发感官疲劳,降低工作与休息效率,加剧空间压抑感。运动设施对缓解心理压力、调节情绪至关重要。图 4-7 所示为某大型船舶锻炼舱室。

图 4-7 某大型船舶锻炼舱室环境

图片来源:鄂东轮机长.远洋船上船员在船上都有哪些运动项目呢?[EB/OL].(2021-04-21)[2025-03-03].https://mbd.baidu.com/newspage/data/dtlandingsuper?nid=dt_5722592633561331449.

4.1.2.3 载人航天锻炼设备现状分析

锻炼是乘员长期驻留太空必不可少的活动之一,锻炼器材是其活动中的重要内容。目前,国内外研究人员结合康复医学、运动医学及航天医学开发出了一系列用于航天员太空锻炼的设备,既有传统的带式拉力器,也有结合机器人技术开发的智能一体化锻炼设备。部分现有的锻炼设备的展示和介绍及主要功能如图 4-8 所示。

锻炼设备	使用地	优缺点	功能
拉力式锻炼设备	双子座、天宫二号、天宫空间站	体积小，质量轻，使用方便，功能单一，不具备可调节性	力量锻炼、有氧锻炼
抗阻力式锻炼设备	国际空间站	具有多种力量锻炼方式。体积较大，调节效率较低	力量锻炼，阻止骨骼流失、肌肉萎缩
跑台式锻炼设备	国际空间站、天宫二号、天宫空间站	只能开展跑步锻炼，功能单一	跑步锻炼、有氧锻炼
自行车式锻炼设备	国际空间站、天宫空间站	提供了良好的有氧锻炼，不能提供力量锻炼，功能单一	有氧锻炼，记录生理信息，维持骨骼肌肉健康
穿着式锻炼设备	国际空间站、天宫空间站	辅助宇航员在太空开展锻炼，但其负载不可调节	辅助开展力量锻炼

图 4-8　锻炼设备相关

现有设备如 ROCKY、MED-2 支持有氧和力量训练（可调负荷），但单柔索限制训练效果。空间站空间有限且运输成本高昂，需轻量紧凑器材，而高效设备如 ARED 因笨重增加运输压力。开发轻量化高效设备是未来趋势。

目前一些实验表明[14]，微重力环境对人体运动产生干扰，步行需要多组肌肉协同完成，因此需进行步态锻炼以维持运动能力。目前，TVIS 和国内航天站虽提供跑步设备，但无法纠正步态或针对性锻炼肌肉力量、关节支撑力和负载力，而这些是确保训练效果和减少运动损伤的关键。因此，航天员锻炼过程中的监测与保护至关重要[14]。图 4-9 仅呈现了部分现有锻炼设备，图中“●”代表是或优，“○”代表否或差，“—”代表不适用、缺省或信息不详。

名称	多功能	有氧锻炼	力量锻炼	精确负载	用户友好	安全保护	设备体积	设备重量	设备成本	设备效能
橡皮筋	○	○	●	○	●	○	●	●	●	—
FED	○	○	●	○	●	○	●	●	●	●
MED-2	●	●	●	●	●	○	●	●	●	●
ROCKY	●	●	●	●	●	○	●	●	●	—
iRED	●	●	●	○	●	○	○	●	●	—
ARED	●	●	●	○	●	○	○	○	●	●
HULK	●	●	●	●	●	○	●	●	●	●
CCD	●	●	●	●	●	○	○	●	●	—
天宫跑台	○	●	○	○	○	○	●	●	●	●
北邮	○	○	●	○	○	○	○	●	●	—
企鹅服	○	○	●	○	●	○	●	●	●	—
TVIS	○	●	○	○	●	○	●	●	●	●
……										

图 4-9　现有锻炼设备分析

4.1.3　锻炼区色彩设计构成因素分析

4.1.3.1　现有空间站环境构成

空间站锻炼区作为运动锻炼的主体之一，除具有一般健身功能特征之外，还具有自身独有的特点。空间站作为太空环境中的人造环境是为保障乘员生存并且能够顺利开展在轨任务而开辟的，其布置空间均较紧张，并且为全封闭环境。锻炼区作为其中的一环，其布置内容如图 4-10 所示。

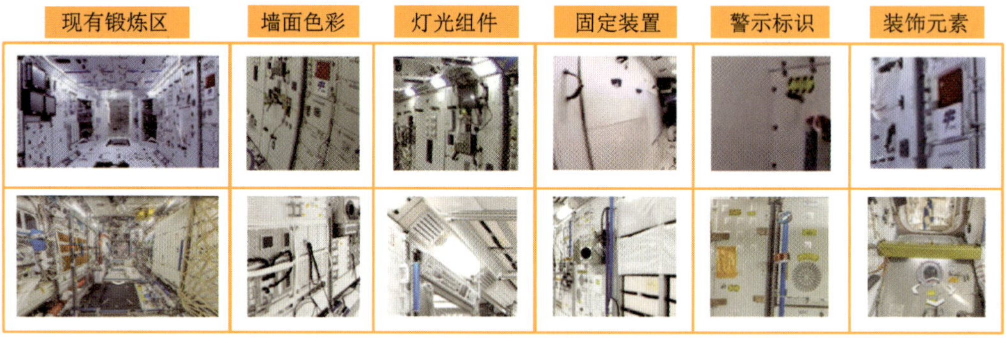

图 4-10　锻炼区环境构成

通过上述调研内容可知，锻炼区环境构成要素及主要内容见表 4-1。

表 4-1　锻炼区环境构成要素及主要内容

构成要素	主要内容
空间环境	顶面、墙面、地面
照明设备	灯光组件
设备类	固定装置、锻炼设备、舱门、定位、收纳
标识类	警示标识、安全标识、符号、国旗、紧急按钮
装饰类	装饰条

4.1.3.2　其他类似锻炼区元素构成

本案例意在设计面向未来的空间站锻炼区可能的形式，因此也对现有影视作品中具有科幻风格的类似环境和地面健身房做了元素提取，其内容包括主要的环境风格、灯光装饰、器材形式与配色等，主要为锻炼区色彩设计融入一些具有科幻风格元素的内容，如图 4-11 和图 4-12 所示。

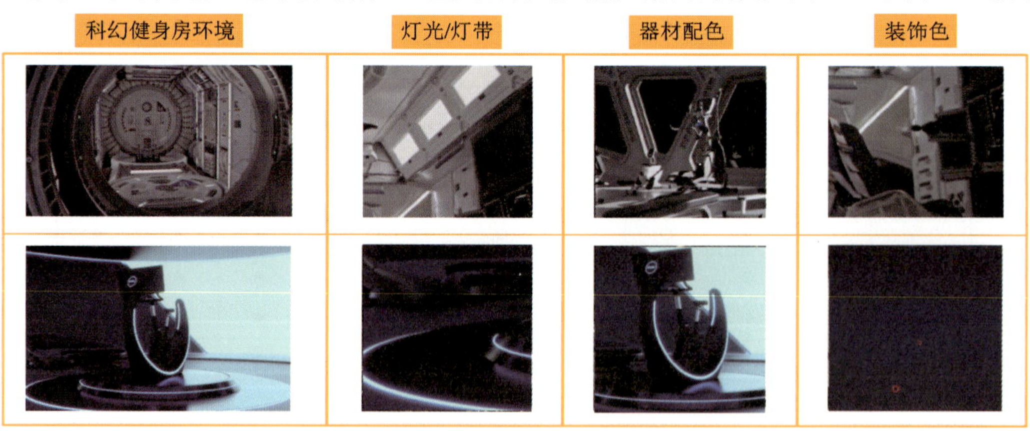

图 4-11　科幻锻炼区环境构成

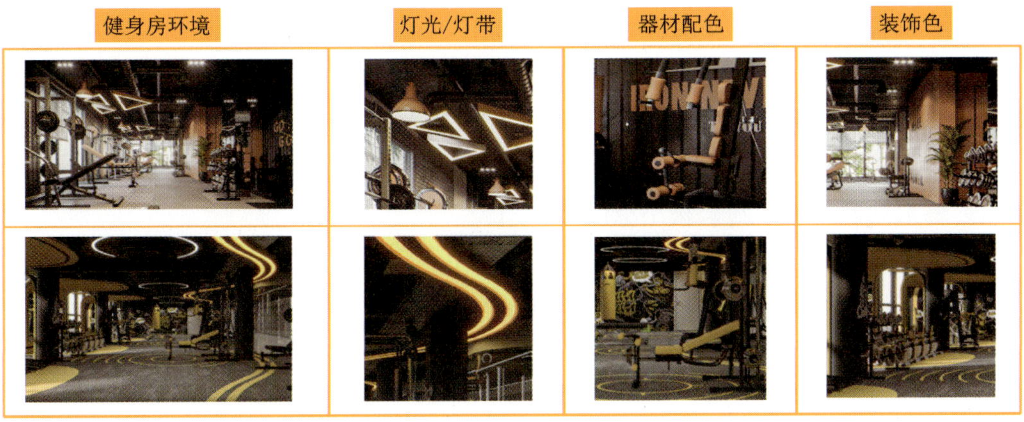

图 4-12　地面健身房环境构成

4.1.4　锻炼区色彩设计需求

4.1.4.1　设计背景

随着科技的发展，太空旅行即将成为现实，本案例以未来太空旅行为背景，以现有的在轨锻炼区为参考，为乘员设计一款较为舒适的锻炼区，能够提供良好的锻炼空间，以保障乘员在飞行中获得良好的锻炼体验，对抗失重带来的生理及心理风险。

4.1.4.2　锻炼区人的锻炼需求分析

微重力环境会对人类的健康带来不良影响。人类演化至今，已完全适应了地球重力环境，当重力环境发生改变时，人类的许多生理系统都将发生改变，甚至有些生理系统功能会退化。

运动锻炼是人类适应航天飞行的基本策略；锻炼对于维持航天员骨密度、有氧及无氧的工作能力、肌肉力量、体力、局部肌肉的忍耐力，以及减少神经肌肉的失调具有至关重要的作用，以保证航天员生理及心理的健康以及较高的生活质量，从而提高航天员的工作能力。为了解决长期失重带来的生理影响，需要采用多种运动方法来防止身体失重而导致的生理不适。本小节整理了部分锻炼内容及其对应的锻炼效果[15]，如图 4-13 所示。

运动种类	示意图	类型	锻炼对象	功能
跑步锻炼		有氧锻炼	股四头肌、臀部肌、臀大肌和小腿肌等	心血管功能、呼吸系统和免疫系统功能、心理健康等
自行车功率训练锻炼		有氧锻炼	股二头肌、股三头肌、胸大肌、背部肌、竖脊肌、臀大肌等	增强耐力，有氧工作能力，有助于机体新陈代谢的健康、心理健康等
负重深蹲锻炼		全身肌肉的锻炼	臀部、臀大肌、四头肌、踝部肌肉、臀部小腿区域等	强化躯干力量、大腿力量和臀部核心力量等
卧推锻炼		上肢力量锻炼	胸大肌、肩关节及肘关节相关肌肉等	胸大肌肌肉最大负荷，增加握力维持力及骨密度等
硬拉锻炼		无氧锻炼	背部肌肉、臀大肌及腿部细肌	身体协调性以及身体的支撑稳定性

图 4-13　锻炼需求整理

4.1.4.3 锻炼区色彩功能需求分析

航天员在密闭空间内工作与生活具有特殊心理需求，健身区通过科学色彩设计可有效提升运动舒适性和工作效率。

(1)空间环境的色彩需要令人欢快愉悦，所以色彩在设计时应明亮、大气，在视觉上给人增添活力感觉的同时起到延长狭小空间的作用。

(2)装饰条的色彩作为活动空间的辅助色搭配应结合健身区功能要求，所以在色彩设计时应该在视觉上具备热情、兴奋的特点，提升人们运动的欲望和舒适性。

(3)运动器械是健身区功能的主体之一，在器材的色彩设计上不仅要考虑与空间色彩的和谐统一，也需要考虑乘员在运动状态中的识别性，增加运动的效率，使用的便捷性、可识别性、安全性。

(4)在失重的环境下乘员在地面上形成的固有定向习惯发生改变，应采用不同的色彩提供视觉上的提示，以提升运动空间的稳定，给人踏实的视觉感受。

(5)健身区作为乘员太空活动的重要一环，在功能区的色彩设计上应采用方便识别、起到功能划分作用的色彩。图 4-14 所示为色彩功能需求整理。

元素	色彩	功能
空间色彩	明亮的色彩	良好且舒适的照明
装饰条	热情、兴奋色	提升运动积极性、舒适性
运动器械	安全色、亮色	使用上的便捷、安全，识别性强
空间定位	较为深的颜色	空间的沉稳，具有踏实感
区域划分	功能区分色	方便识别，提升效率

图 4-14　色彩功能需求

4.1.4.4 头脑风暴

通过头脑风暴进行思维发散，以黑匣子的形式描绘锻炼区应具备的主要功能和辅助功能，以及一些“可能功能”，并对列出的功能进行分类定性，划分子级功能，最后经过筛选并整理功能，得出比较具有创意性的设计元素，如图 4-15 所示。

4.1.4.5 设计定位

通过上述调研分析，为设计面向未来的太空旅行锻炼区，首先应满足乘员的基本锻炼需求。基于此，考虑锻炼环境的舒适，视觉空间大，且具有良好的锻炼体验和效果，为乘员在锻炼区开展锻炼时提供良好的支持，创造一个舒适的空间环境，如图 4-16 所示。

4.1.4.6 锻炼区色彩设计目标

如图 4-17 所示，健身区色彩设计需基于情感化模型的 3 个层次：

①本能层：通过视觉刺激激发安全感与运动兴奋感（如冷色调增强稳重感，暖色调提升激情）。

②行为层：通过色彩区分器械功能（如高对比色标识操作区），优化使用效率。

③反思层：融合文化记忆与情绪（如地球蓝绿色系缓解太空孤寂），强化心理认同与运动积极性。

图 4-15　头脑风暴

设计背景	太空旅行
设备功能	有氧、无氧锻炼，智能交互，操作便捷，收纳，安全，洁净
色彩功能	舒适的锻炼环境、视觉空间整体、运动积极性、色彩分区
情感提升	舒适、心理支持、娱乐、放松

图 4-16　设计定位

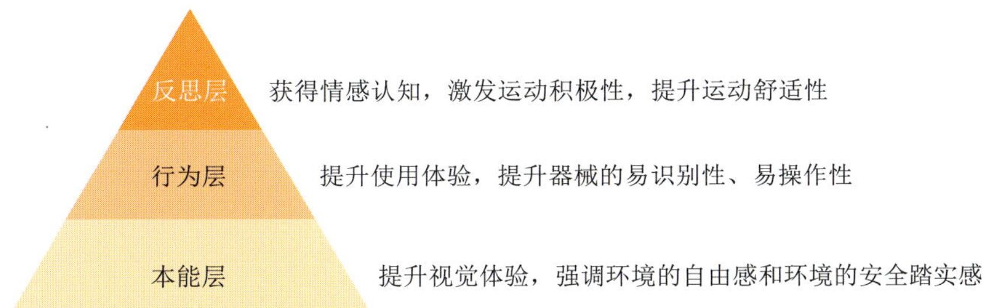

图 4-17　色彩设计目标

4.1.4.7 空间站锻炼区色彩设计策略与方法

锻炼区色彩设计基于航天任务需求，通过实验模拟与主客观数据整合筛选适宜色彩。锻炼区色彩设计策略如图 4-18 所示。

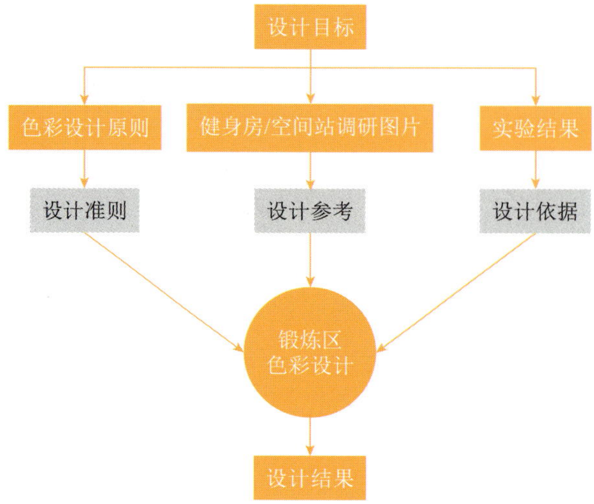

图 4-18 锻炼区色彩设计策略

4.2 阶段二：锻炼区色彩研究方法与人因测试评估

在地面健身房的颜色设计中，通过合理利用主次颜色的协调和对比来达到美化室内的效果，让室内的颜色不至于单调，从而确保整个空间的设计具有整体的节奏感，提高整体健身空间的运动感和环境舒适性，提升锻炼体验[5,9]。

目前有部分研究表明，红色较橙色/黄色更易激发运动兴奋性，蓝绿色则比紫色更具镇静作用[6-8]。心理学视角下，暖色、高明度的色彩通过视觉前凸效应增强进取感，冷色、低明度的色彩则产生空间收缩感引发压抑情绪，两者对运动员心理调控具有互补价值。锻炼区色彩舒适度与运动欲望源于人-环境交互，不同色彩引发差异化的主观反馈(如冷色调抑制焦虑，暖色激发活力)。通过精准调控色彩因子，可优化环境舒适度并激发运动效能[16-18]。

因此，本章节实验的主要目的是探索运动锻炼的色彩环境舒适度、运动欲望及心率在不同色彩下的关联。本次实验试图回答 3 个问题：①在什么色彩下运动锻炼感受更舒适；②在什么色彩下能够提升运动的欲望；③不同色彩下心理与生理的关联，为载人航天运动锻炼色彩空间设计的展开提供参考依据，如图 4-19 所示。

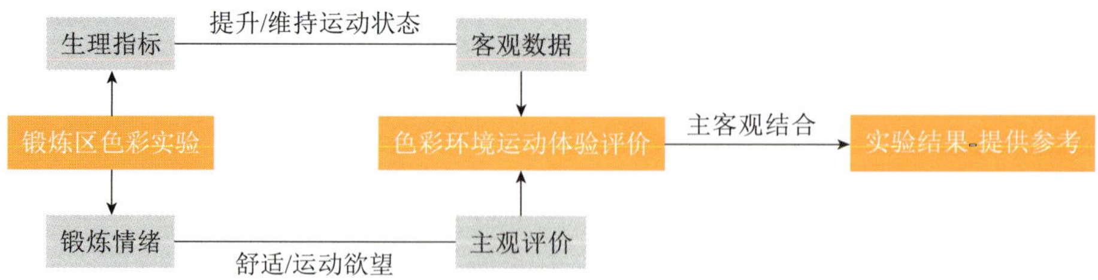

图 4-19 锻炼区色彩设计实验构成

4.2.1　色彩样本

样本来自中国健身房色彩样本，通过网络爬虫进行色彩图片爬取。通过筛选处理最终的 360 张图片，本研究根据健身房实际环境选取具有针对性的 4 种颜色的色彩样本：红色(R)、黄色(Y)、绿色(G)、蓝色(B)，将爬取的色彩图片信息进行分类整理，如图 4-20 所示。

图 4-20　色彩样本

通过 K-means 聚类分析，对于每幅图像设定 5 个颜色簇，提取每种颜色健身房的色彩主体色相，并将其作为该幅图像的调色板，图像颜色提取结果如图 4-21 所示，然后进行实验。

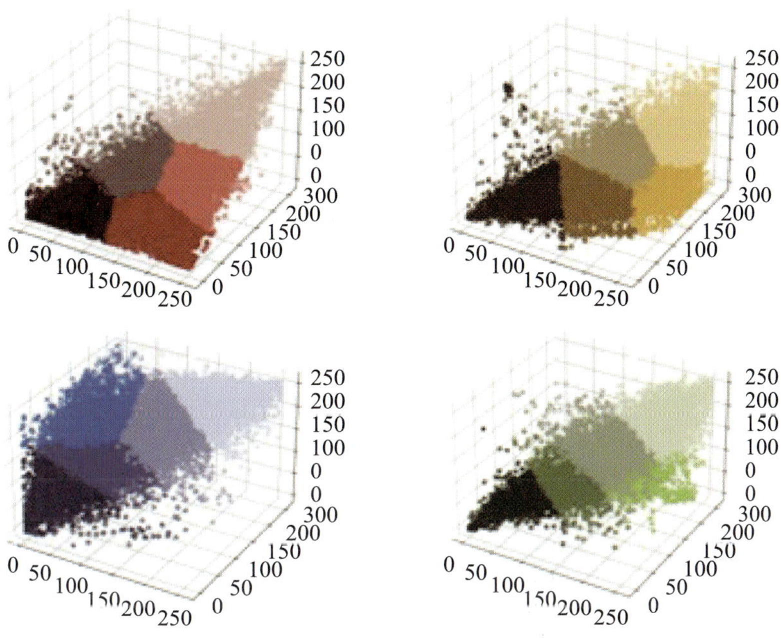

图 4-21　K-means 聚类色彩可视化

在各色相中选取一种色彩，共计得到 4 种色彩样本，并增加纯白色样本。同时，按照相关的色光研究实验时使用一种较为舒适的色光，并进行 CIELAB 值转化。通过以上色彩样本选取，共计得到 5 种色彩样本，见表 4-2。

表 4-2　环境色彩样本

序号	色相	样本	R	G	B	L	a	b
1	红色		206	93	90	83.4	−20.0	59.5
2	黄色		216	164	41	70.4	8.4	65.7
3	蓝色		50	107	205	46	8	−57

续表

序号	色相	样本	R	G	B	L	a	b
4	绿色		206	212	183	84	−6	14
5	白色		255	255	255	100	0	0

4.2.2 研究程序及方法

实验将从不同色彩环境下及头低位和站立位不同状态下对主观评价和客观生理信号的影响展开研究。主观评价将从两个维度展开分析，色彩环境舒适度及运动欲望。受试者在完成本次色彩环境实验之后需要填写运动时的色彩环境舒适度及运动欲望的主观评价。心率信号是运动生理信号较为广泛使用的测量指标，能够反映人的运动负荷强度[19-21]。

4.2.2.1 实验人员

从学校招募36名志愿者学生，其中实验组男生9人，女生9人，对照组男生9人，女生9人，年龄为(22.5±2.5)岁，所有参与者均无心、脑血管疾病及精神病史，并进行包括倾斜试验在内的身体检查。在研究之前进行了眼科检查，他们的视力和色觉都正常。为了避免影响实验，要求受试者在实验前充分休息并表现出情绪稳定，避免明显的情绪波动。在研究之前的前一天，受试者避免过量饮酒，用处方药和吸烟，并避免饮用咖啡或能量饮料等对身体有刺激作用的饮料。

4.2.2.2 运动环境搭建

本实验在工程训练中心实验室进行，实验室具备安静的条件，并选取了一个相对狭小的房间，房间内具备适宜的温度和采光。实验采用KT板和彩色喷绘的PP纸构建模拟并在一个单独的区域内搭建一个1.2米×2米×2米的微密闭空间，三面围绕形成的环境以排除其他因素的干扰。将锻炼区环境色作为变量，照明等其他条件则是定量。图4-22所示为实验环境图。实验房间布局中灰色区域是色彩环境锻炼区，其余是头低位等候区、心率测量等候区。

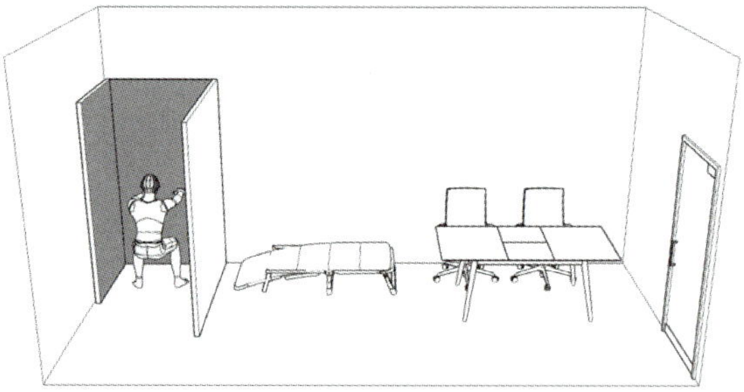

图 4-22 实验环境

4.2.2.3 运动设置

运动设置：

①动作标准及幅度参考：受试者做平行蹲起，即要求受试者尽可能地在下蹲最底端保持大腿平行于地面。

②蹲起：起始姿势要求受试者双脚打开略宽于肩，脚尖可略外展。

③采用蹲起运动的依据：在国际空间站中有同类运动的设置，因为实验器材的限制，采取了比较贴近空间站锻炼的运动方式。图4-23所示为蹲起动作示意图。

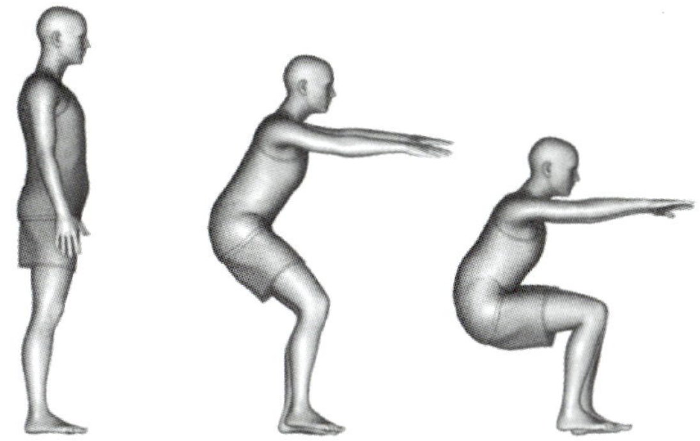

图 4-23　蹲起动作示范

4.2.2.4　运动强度控制

运动强度区间的设置在于在做预实验时以验证实验设置的运动强度能够达到实际运动强度要求，以验证实验设置的有效性[22-24]。表 4-3 所列为运动强度指标。

表 4-3　运动强度指标

强度指标	低强度	中强度	高强度
谈话测试	可以舒适谈话	不确定谈话是否舒适	无法舒适谈话
自感用力度(描述)	中等至有点难	困难	非常困难
摄氧量	40%～59%	60%～84%	≥85%
储备心率百分比	40%～59%	60%～84%	≥85%
最大心率百分比	64%～76%	77%～93%	≥94%

在平静状态下，健康成人的心率在 60～100 次/分钟，一般平均为 75 次/分钟，心率的快慢与年龄、情绪、体温等因素有关。为了能够真实准确地反映受试者的心率变化，选用心率在某时刻的变化率，即心率的上升率指标来分析不同色彩对不同受试者的心率影响情况。其中，心率上升率可由公式(4-1)得出[25]。

$$d=\frac{h(t)-\bar{h}}{\bar{h}}\times 100\% \qquad (4\text{-}1)$$

式中，d 为某时刻的心率增长率；$h(t)$ 为某时刻的实际心率值；$\bar{h}$ 表示安静状态下的心率均值。

4.2.2.5　实验设备

实验采用 polar OH1 型心率带(图 4-24)，采用了光学心率测量技术：OHR，该技术在各医疗机构应用多年，检测速率 1000 MHz/s，监测结果准确。

图 4-24　polar OH1 型心率带

4.2.3 实验流程

4.2.3.1 实验程序

实验前向受试者介绍实验过程及注意事项。每个受试者均记录年龄、身高、体重等生理信息。色彩、人数和性别作为定量，实验内容包含两组：①头低位组。受试者在－30°头低位卧床 30 min，其间连续测量心率，后进行色彩环境下的蹲起运动实验。②立位组。受试者在搭建好的空间环境里静坐 5 min，之后连续测量 3 次持续 10 s 的心率，其中两次相同并与另外一次相差不超过 1 次时，即认为是安静状态可进行实验。受试者在色彩环境中进行蹲起运动实验共 2 min，运动时长 90 s，运动强度控制在最大心率的 64%～76%的低强度运动区间，其间佩戴心率表并记录相关生理信息（0 s、30 s、60 s、90 s 的心率变化）。运动结束后让受试者填写主观评价问卷。主观量表采取 9 分制，要求受试者在色彩环境中运动锻炼时是否影响心理状态，对运动舒适度和运动欲望进行打分，然后受试者休息 30 min 进行下一轮色彩实验。实验流程如图 4-25 所示。

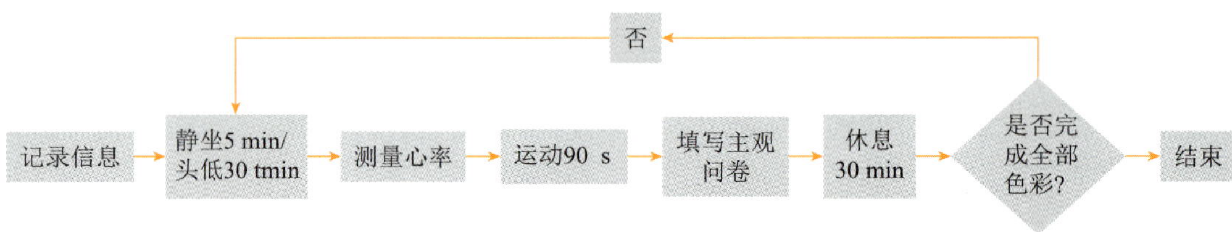

图 4-25 实验流程

4.2.3.2 运动设置

动作标准及幅度参考：受试者做平行蹲起，即要求受试者尽可能地在下蹲最底端保持大腿平行于地面，使不同受试者以及相同受试者不同重复次数之间的动作幅度标准尽量保持一致。实验使用 polar OH1 型心率带记录心率。

本次实验生理方面在于研究色彩对心率上升率的干预作用，为了控制变量，故运动强度设置仅选取在低强度范围观测[23-25]，以保证实验设置的有效性。

4.2.4 统计分析

4.2.4.1 主观问卷评价结果

色彩对于心理状态的影响分析：

对色彩环境（红/黄/绿/蓝/白）、状态（头低位/站立位）两个自变量进行双因素方差分析：不同色彩环境对心理状态的影响具有显著差异（$P=0.000<0.05$）；不同状态及色彩环境之间的交互作用无显著差异（$P>0.05$）。对于色彩环境变量进行各组均值之间的多重比较发现，白色环境对于其他颜色均具有显著性差异（$P>0.05$），如图 4-26 所示。

（2）色彩对于运动欲望的影响分析

对色彩环境变量进行各组均值之间的多重比较发现，黄色环境与蓝色环境（$P=0.000<0.05$）、白色环境（$P=0.047<0.05$）表现出显著性差异，而与其他颜色环境无显著性差异（$P>0.05$）；蓝色环境与其他颜色有显著差异（$P<0.05$）。各色彩环境下对运动欲望

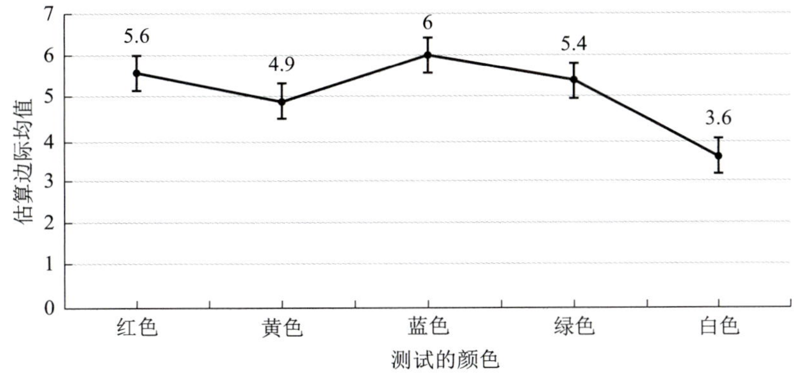

图 4-26　不同色彩环境下对运动心理均值的影响

均值的影响如图 4-27(a)所示。

通过分析色彩的冷暖色调对运动欲望均值的影响发现，暖色环境(红色环境、黄色环境)相对于冷色环境(绿色环境、蓝色环境)显著增高($P=0.011<0.05$)，对于无色彩环境(白色环境)无显著差异($P>0.05$)。冷暖色彩环境下对运动欲望均值的影响如图 4-27(b)所示。

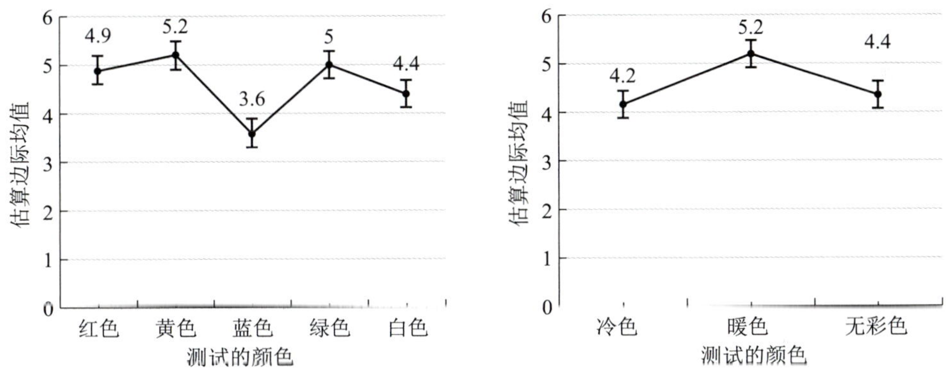

(a) 各色彩环境下对运动欲望均值的影响　　(b) 冷暖色彩环境下对运动欲望均值的影响

图 4-27　不同色彩环境下对运动欲望均值的影响

不同状态(头低位/站立位)及色彩环境之间的交互作用对于运动欲望的影响无显著差异($P>0.05$)，不同状态下的运动欲望数据无显著差异($P>0.05$)，其中蓝色相对其他颜色得分比较低，黄色得分较高，如图 4-28 所示。

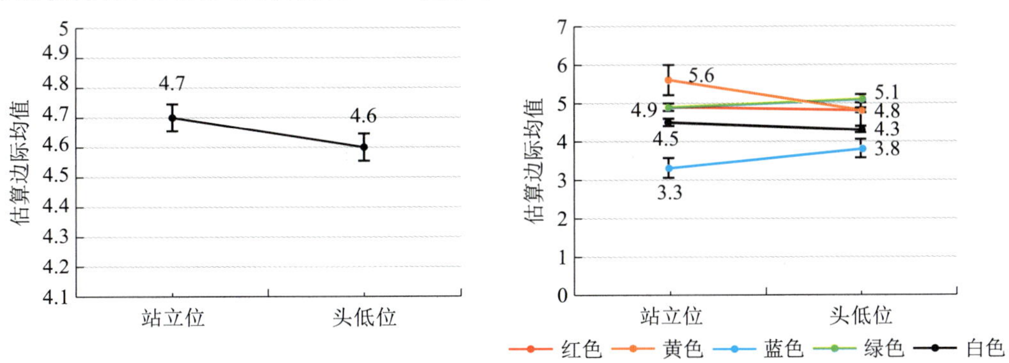

(a) 不同状态下对运动欲望的影响　　(b) 各色彩环境中不同状态下对运动欲望的影响

图 4-28　不同色彩环境与不同状态下对运动欲望的影响

(3)色彩对于运动舒适度的影响分析

对色彩环境变量进行各组均值之间的多重比较发现，黄色环境对红色环境($P=0.000<0.05$)和蓝色环境($P=0.000<0.05$)有显著性差异，而与白色环境和绿色环境无显著性差异($P>0.05$)，各色彩环境对运动舒适度均值的影响如图 4-29(a)所示；通过分析色彩的冷暖色调对运动舒适度均值的影响发现，无色彩环境相对于其他颜色表现出显著差异性($P<0.05$)，冷暖色彩环境下对运动色彩环境舒适度均值的影响如图 4-29(b)所示。

在不同状态(头低位/站立位)下呈现出显著性差异($P=0.014<0.05$)，头低位相比站立位舒适度得分更高，在不同颜色不同状态下的交互作用无显著性差异($P>0.05$)，如图 4-30 所示。

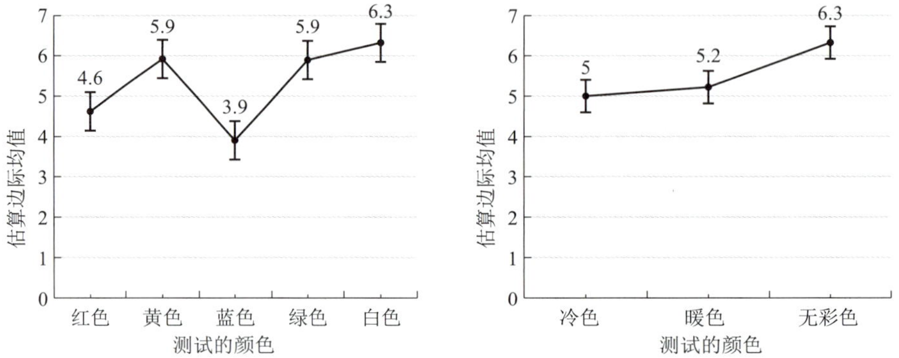

(a) 各色彩环境下对运动舒适度均值的影响　　(b) 冷暖彩环境下对运动舒适度均值的影响

图 4-29　不同色彩环境下对运动舒适度均值的影响

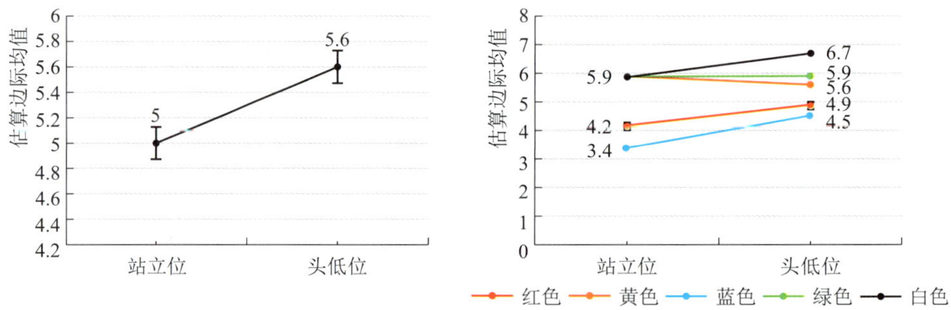

(a) 不同状态下对运动舒适度的影响　　(b) 各色彩环境中不同状态下对运动舒适度的影响

图 4-30　不同色彩环境与不同状态下对运动舒适度的影响

(4)主观问卷评价分析结论

研究以色彩环境为变量，让受试者在其中进行运动并从色彩是否影响心理状态、运动舒适度、运动欲望 3 个角度对主观情绪进行评分，结果显示不同颜色对于心理状态都有影响；不同色彩不同状态之间对心理状态没有影响；具有色彩的环境相对于白色而言其影响程度更大。

结果表明，有色环境更容易影响受试者情绪，而在影响运动欲望一项中暖色中的黄色环境分值较高，在影响运动舒适度这一项中无色环境则使人更加舒适。

4.2.4.2　运动生理数据结果

运动生理数据分析与结论：

不同色彩下心率波动均在正常范围内，不同色彩方案下心率上升率差异不大，无统计学意义($P>0.05$)，不同色彩方案下的心率上升率如图 4-31(a)所示。不同状态下心率上升率有显著差异($P=0.048<0.05$)，可见头低位与站立位之间心率上升率有显著差异，头低位心率上升率均高于站立位，具体在于在运动时的第 0 s、30 s、120 s 相比 90 s 有显著性差异，

如图 4-31(b)所示。其余自变量及各项之间的交互作用均无显著性差异($P>0.05$)。

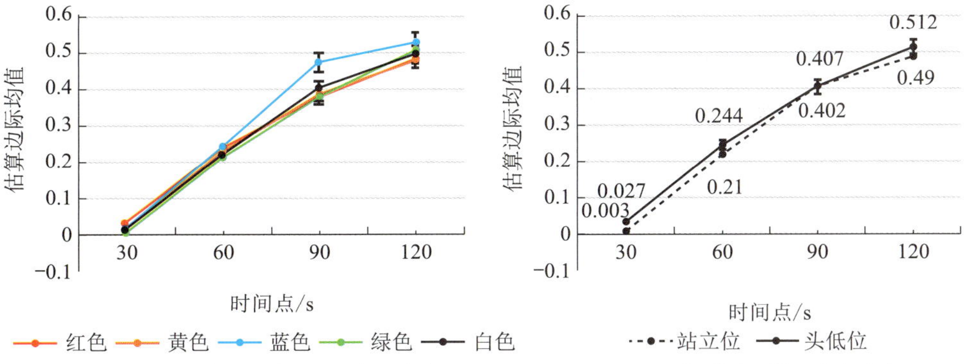

(a) 不同色彩方案下的心率上升率　(b) 不同状态下的心率上升率

图 4-31　不同色彩方案与不同状态下的心率上升率

由本次不同色彩下的运动实验可知,蓝色对于心率上升相比其他颜色影响更大。在不同状态下可见对照组站立位心率上升率显著低于实验组头低位心率上升率。

4.2.4.3　讨论

本次实验试图探究在不同色彩环境中站立位与头低位下的心率上升率差异,根据生理数据分析,色彩环境对于实验组和对照组并无显著影响,可以得知,色彩环境对于心率并无明显的干预作用。在一篇关于船舶舱室色彩研究中也有关于心率的相关报道[26],显示色彩环境对于心率没有显著影响,本研究结果与之相符。

4.3　阶段三:锻炼区设计实践

色彩具体布局及规划则从一般性原则与方法展开,同时将实验收集得到的健身房图片和现有空间站图片作为设计参考,进行色彩风格设计和规划。锻炼区的色彩环境营造将从实验得到的结果作为色彩设计的依据,即色彩设计的来源,以达到实验取得的结果—设计原则—设计参考三者的有机结合,从而实现空间站锻炼区色彩环境舒适度与运动欲望的提升。

4.3.1　锻炼区风格意向提炼

通过提炼现有空间站锻炼区、科幻健身房和地面健身房等元素,总结分析发现类似环境设计简洁,多为科幻风,可为后续锻炼区环境设计提供参考,如图 4-32 所示。

图 4-32　锻炼区设计意向图

图片来源:卓尔谟工业设计小站.脑洞大开,设计师开始着眼未来外星生活~[EB/OL].(2020-09-25)[2025-03-03].https://www.sohu.com/a/420908450_661854.

图立方效果图制作设计公司.未来感爆棚!2025 最新健身房效果图趋势与科技元素解析[EB/OL].(2025-03-23)[2025-03-01].https://baijiahao.baidu.com/s? id=1827366162409150130&wfr=spider&for=pc.

DA 健身空间设计.拳击馆,健身空间设计[EB/OL].(2021-05-10)[2025-03-03].https://www.zcool.com.cn/work/ZNDE2NDM4MTY%3D.html.

4.3.2 锻炼区色彩设计原则与方法

①形式美法则：锻炼区的色彩设计必须具有统一性、条理性等。

②色彩和谐性原则：进行锻炼区色彩设计时，结合功能需求应尽量避免无章法的情况，需要保证色彩空间的整体和谐统一。

③色彩稳定性原则：在太空微重力环境下，长期漂浮在空间站内，会造成一定程度上的空间失衡感，舱内色彩按色彩明度应区分"天 地"模拟在地的空间视觉感。

④色彩与照明协调性原则：在锻炼区色彩设计时应当考虑色彩在灯光作用下的效果，通过合理的色彩设计改善空间视觉环境，提高锻炼空间的可视性。

4.3.3 锻炼区模型搭建

健身区布局需综合考虑功能、美学、心理和生理需求，确保空间利用最大化。通过安全距离和最小距离规划，避免碰撞和空间浪费。布局基于环境分析和器械整合，采用分区设计，利用柔索固定装置进行多类型锻炼，如图 4-33 所示。

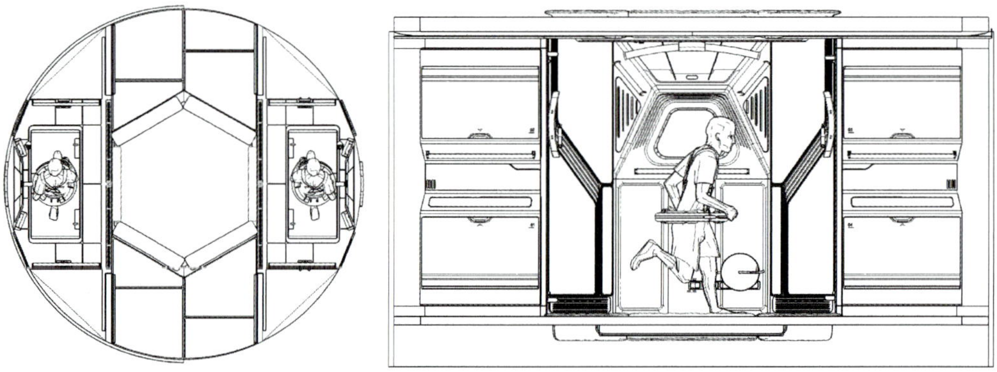

图 4-33 空间布局

顶面：顶面空间在照明功能的基础上可加入引体向上类型健身设施，设施造型以直线为主，从视觉上可拉长空间，不影响空间使用的同时增加空间的利用率；隐蔽式的灯光能在视觉上增大空间，同时增加锻炼的趣味性，主要锻炼部位为臂力、肩部肌肉力量，如图 4-34 所示。

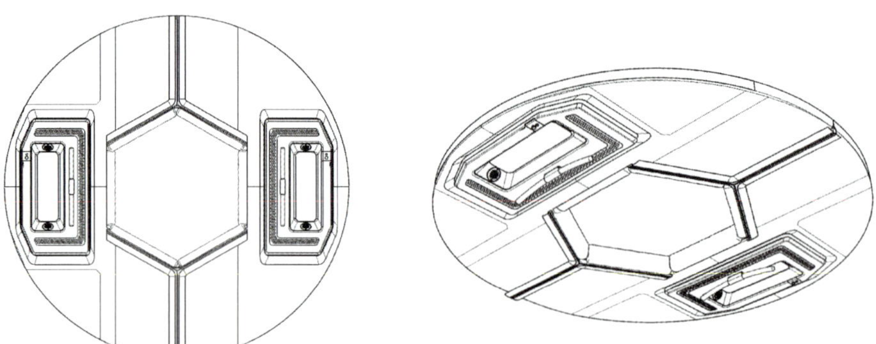

图 4-34 顶面布局

壁面：壁面占健身房空间大部分面积，在墙壁附加健身功能时可设计涉及不同身体部位的器材，比如在墙壁上嵌入飞鸟类似的器材，也可以在一定程度上节约空间，主要锻炼部位为上肢的肌肉力量，如图 4-35 所示。

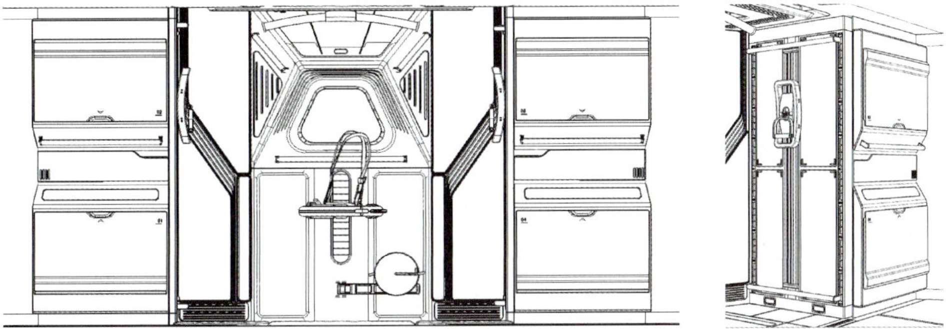

图 4-35　壁面布局

照明系统：因健身空间需要具备欢快愉悦氛围，所以灯光在设计时应明亮、大气，可根据顶面造型特征设计成隐藏的反射式灯带，避免灯光的直射影响视觉，在视觉上给人增添活力效果的同时起到延长狭小空间的作用。

4.3.4　色彩环境构建

通过实验分析得知，白色在空间内能够显著提升运动的色彩环境舒适度，黄色对于运动欲望有显著影响。因此，本次设计实践案例以载人航天器锻炼区色彩设计为例，将实验取得的结果应用于锻炼区设计中，进行深入和验证。

健身房的棚顶、壁面、地板以及健身设备等的色彩将按照锻炼区色彩设计原则和方法在 Keyshot 11 里进行设计表现，室内光源来自顶光、地面辅助光等 LED 光源，照度值 300 lx。将整个色彩环境设为白色，以满足整个健身空间的视觉要求，达到轻快、明亮的视觉要求，再按照色彩稳定性原则将地面色彩与大面积环境色进行分割，加强“天地”概念以区分锻炼区空间上下，如图 4-36 所示。

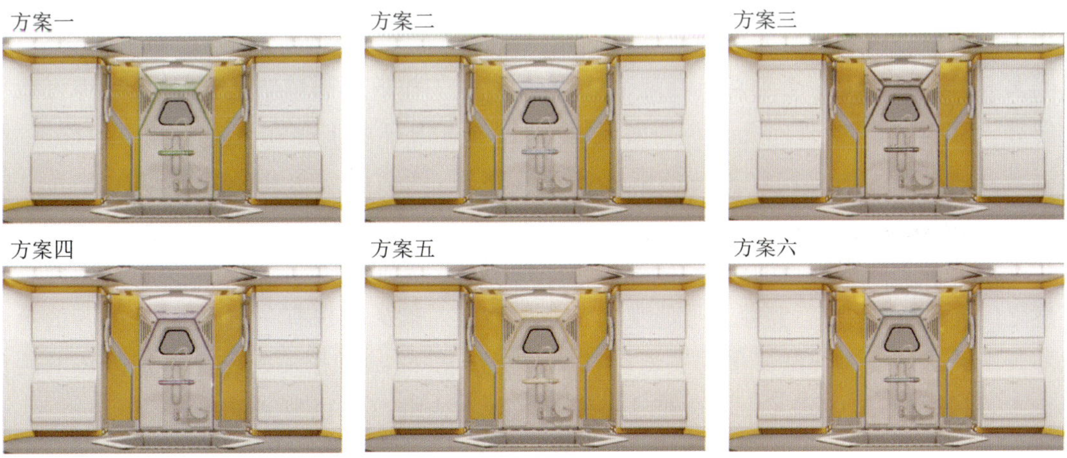

图 4-36　色彩方案布局设计形式

经小组评选，选择色彩方案布局设计形式中的方案三进行深入优化。

4.3.5 锻炼区色彩设计调整与优化

根据色彩调和以及色彩对比等色彩设计原则与方法，对其他设备进行相应配色处理。如空间定位设备色彩目前不能达到良好的定位效果以及良好的识别性视觉要求，且色彩与空间环境缺乏层次，通过对空间定位等设备进行赋色，增加显著性，考虑使用目前空间中普遍运用的蓝色作为点缀色突出定位的功能，如图 4-37 所示。

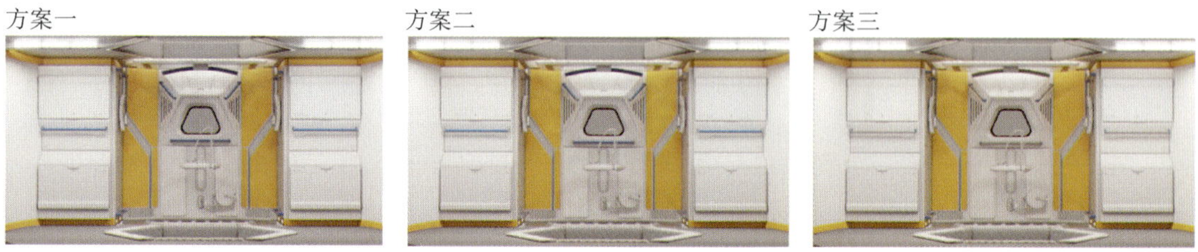

图 4-37 空间定位色彩形式

经小组评选，选择空间定位色彩形式中的方案三进行进一步的调整与优化，最终调整效果如图 4-38 所示。

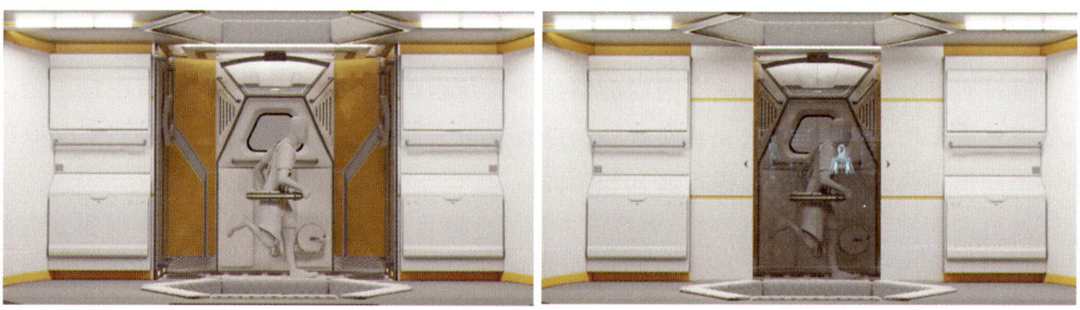

图 4-38 最终效果展示

4.3.6 设计讨论

空间站锻炼区环境与地面相似环境（如潜艇、远航船舶）有诸多共同点，如空间狭小、密闭隔离等。这些环境易引发乘员心理消极状态，影响工作效率和情绪，同时缺乏锻炼可能导致肥胖、肌肉萎缩等生理问题。与地面环境不同，微重力环境下存在更多刺激源和危害，因此有必要针对航天环境设计独特的锻炼区色彩体系，同时考虑失重效应以满足航天员的需求。

本章节由于客观因素的影响，研究仍有一些不足。实验过程中，模拟的失重环境与真实环境之间有较大的差距；实验人员的生理及心理特征与航天员也有一定的不同；实验的色彩样本仅涉及了地面商业健身房的主流色彩，缺少现有空间站及相关密闭隔离相似环境的色彩样本，因此在后续的研究中将会把这些因素考虑在内继续优化与完善。

参考文献

[1]李志利,姜世忠.长期失重生理效应体育锻炼防护措施研究进展[J].载人航天,2011,17(1):23-27.

[2]李莹辉.航天医学研究现状与趋势[J].航天医学与医学工程,2013,26(6):421-425.

[3]张可盈,张冰,刘书娟,等.航天在轨失重环境条件下的体能训练[J].解放军医学杂志,2017,42(10):925-929.

[4]周前祥,曲战胜,王春慧,等.虚拟乘员舱布局工效学设计中颜色匹配性的实验研究[J].航天医学与医学工程,2001(6):434-438.

[5]汤盈,侯天德.色彩在体育运动中的应用[J].南京体育学院学报(自然科学版),2006(2):20-23.

[6]巫朝辉,许春华.红、绿色对运动后心率变化影响的实验研究[J].体育函授通讯,2001(1):24-25.

[7]江宇,张力为,陈荔.颜色对人的温度感的影响——对运动员心理调节的启示[J].北京体育大学学报,2006(10):1348-1350.

[8]AKERS A,BARTON J,COSSEY R,et al. Visual color perception in green exercise:positive effects on mood and perceived exertion[J]. Environmental Science & Technology,2012,46(16):8661-8666.

[9]王文超.城市公共空间人性化规划设计探析——以健身房空间色彩效应为例[J].美与时代(城市版),2020(1):59-60.

[10]GOPALAKRISHNAN R,GENC K O,RICE A J,et al. Muscle volume,strength,endurance,and exercise loads during 6-month missions in space[J]. Aviation,Space,and Environmental Medicine,2010,81(2):91-104.

[11]HARGENS A R,BHATTACHARYA R,SCHNEIDER S M. Space physiology VI:exercise,artificial gravity,and countermeasure development for prolonged space flight[J]. European Journal of Applied Physiology,2013,113(9):2183-2192.

[12]秦有年,李志利,王林杰.耐力性锻炼在载人航天飞行中的应用与发展[J].航天医学与医学工程,2014,27(6):458-462.

[13]陈善广,邓一兵,李莹辉.航天医学工程学主要研究进展与未来展望[J].航天医学与医学工程,2018,31(2):79-89.

[14]李来禄.宇航员在轨多模式锻炼机器人研究[D].哈尔滨:哈尔滨工程大学,2020.

[15]叶平,宋爽,何雷,孙汉旭.基于弹簧机构的宇航员抗阻力训练器[J].机械工程学报,2014,50(23):1-7.

[16]王首一,李贤,冯华.基于视觉舒适度的高校体育馆夜间照明环境预测模型研究[J].城市建筑,2021,18(7):29-31.

[17]闫静茹,岳东林.光环境视觉舒适度及光环境对人体健康影响研究综述[J].光源与照明,2021(9):47-49.

[18]袁枝亭.基于眼动追踪技术的卫浴空间色彩视觉舒适度研究[D].景德镇:景德镇陶瓷大学,2021.

[19]赵宝椿.心率变化及其在运动实践中的应用[J].赣南师范学院学报,1993(S2):83-90.

[20]苏志雄,郝选明.心率监测在运动训练中的作用及影响因素[J].成都体育学院学报,2002(2):89-91.

[21]马毅明.浅谈运动生理指标在训练中的应用[J].辽宁体育科技,1999(3):29-30.

[22]顾正秋，徐飞，魏佳，等. 说话测试作为血流限制运动强度评价指标的可行性[J]. 中国组织工程研究，2022，26(8)：1154-1159.

[23]李伟，李勇奇，林彦山. 运动强度的分类与比较[J]. 哈尔滨师范大学自然科学学报，1999(1)：102-106.

[24]范利君，陈学伟，安改红，等. 不同运动强度下摄氧量、心率、通气量随时间的变化特征[C]//2018年中国生理学会运动生理学专业委员会会议暨“科技创新与运动生理学”学术研讨会论文集. 2018年中国生理学会运动生理学专业委员会会议暨“科技创新与运动生理学”学术研讨会，2018：228-229.

[25]宋平. 山区公路驾驶员心率变化规律研究[D]. 长春：吉林大学，2012.

[26]黄璞. 色彩美学在船舶舱室设计中的应用[J]. 包装工程，2022，43(12)：273-277.

第 5 章　载人航天在轨工作区色彩设计探索与评测

设计背景

载人航天工程是当今世界高新技术发展水平的集中展示，是衡量一个国家综合国力的重要标志[1]。载人航天环境充满着各种应激源，包括物理、生理、心理和人际关系等方面，如微重力、振动、噪声、限制、隔离、工作单调刺激等[2]。在这种特殊的环境下，航天员极其容易出现焦虑、抑郁等各种负面情绪[3]。负面情绪影响航天员绩效及飞行安全，长期应激会损害身心健康，甚至诱发身心疾病[4]。我国航天领域情绪心理研究技术储备有限，需结合美俄“远程心理支持”经验，将空间环境情绪研究作为空间站工程重要且紧迫的课题[5]。

工作环境直接影响人-机-环境系统的整体效率和航天人员的身心健康，是航天人因工程的重要研究对象[6]。密闭隔离的航天环境中，视觉设计通过调控光线、颜色等感官刺激，可缓解束缚感引发的心理压力，提升幸福感。色彩会对人类的心理功能、生理状态和行为表现等产生影响，如通常暖色调或冷色调的环境会分别使人心理上出现兴奋、积极或冷静、压抑的情绪[7]。工作环境的色彩会影响人的生理反应如心率和舒适度[8]，也会对作业绩效产生作用[9]。合理的色彩搭配可以改善工作环境，有助于作业人员保持情绪和心理平衡以及正常的知觉和意识，并协助操作者辨别控制器、危险区和信号，从而提高工作效率[10]。色彩对航天员生理、心理及情绪的影响是本章重点和全书核心，研究其在航天环境中的效应，既能缓解航天员在作业中的不良生理反应，又为构建安全高效的空间环境提供关键支撑。

5.1　阶段一：任务分析与设计定位

5.1.1　载人航天工作区相关调研

5.1.1.1　在轨工作区任务调研

航天员在轨工作涵盖设备维修维护、日常照料、会议及应急操作 4 类任务，要求载人航天器配置专用工作区，具备充足活动空间、适宜照明、设备工具存放功能，并支持实时报警提示、天地话音通信，以及供电、通信等基础设施保障，以满足高效作业与应急处置需求[11]。

5.1.1.2 载人航天任务情绪适应特征

航天活动风险高且环境严苛，航天员长期处于狭小空间，面临活动受限、信息不畅及超重/失重等挑战，需在繁重、单调任务中精准协作并快速应对突发故障。因此，选拔具备优秀心理素质、团队协作及岗位胜任能力的航天员，成为保障任务安全与效率的核心策略。中国航天员科研训练中心对从事航天员选拔训练 6 年以上的专家、现役航天员共 30 人进行了心理访谈，具有扎实理论基础和丰富实践经验的航天专家、心理专家共 66 人填写了“航天员必备心理品质调查问卷”[12]。

结果显示，航天员所需心理品质重要性从高到低依次是：应急反应能力、情绪稳定性、协同工作技能、判断/决策、群体生存技能、严谨性、沟通、领导能力，见表 5-1。

表 5-1 航天员胜任特征分析

胜任特征	选定的能力测试样本	对长期飞行的关键程度	对短期飞行的关键程度
情绪稳定性	无精神障碍、情绪稳定、自制、自信	1	2
应急反应能力	能在危及生命的重压和应激条件下完成任务、具有灵活性和适应性、能应对极限个人应激	2	1
群体生存技能	群体生存和交互作用技能，对乘员背景多样性的适应性、多文化的适应性	3	7
协同工作技能	冲突消解和合作、团队目标高于个人目标	4	4
家庭问题	能应对长期与亲朋好友的分离	5	6
动机	成就动机、内在工作动机、百折不挠	6	8
判断/决策	正确判断、情境意识和警觉	7	3
严谨性	严谨性、注意细节、正直	8	5
沟通	人际沟通技能	9	9
领导能力	团队领导能力、有效资源管理、责任心	10	10

有研究表明，性格与情绪之间存在映射关系[13]，其中，宜人型具有愉悦的、可唤醒的和顺从的特征，但更多是愉悦性。责任型包括同等程度的愉悦性和优势度。情绪稳定需要同等程度的愉悦和不易唤醒的特征，但缺乏重要的优势度。

研究航天员在飞行任务期间需要具备的心理特征与性格特质，对航天环境色彩设计的情绪适居性具有一定的参考作用。

5.1.1.3 现有在轨工作区设计调研

NASA 在 2001 年给出的规范文件《国际空间站内部配色方案》[14]中规定了国际空间站美国舱段内部配色方案，适用于所有加压舱及可居住区域，旨在通过规范颜色应用确保航天员心理适应并提供空间方向指引。通过收集 NASA 和 ESA 相关的视频、图片、资料和文献，厘清了空间站工作区的组成要素、功效要求、操作模式等，根据 NASA 发布的关于国际空间站内部配色方案(SSP 50008C)中明确的美国实验舱室对内部配色方案的要求,可以得到典型航天器内部环境色彩组成要素,见表 5-2。

表 5-2　国际空间站实验区域配色方案

硬件说明	颜色	工艺	规格
上支架面板	白色	半光泽	27925 (1)
下支架面板	蓝色	半光泽	25102 (1)
前端封闭面板	米白色	半光泽	27722 (1)
尾端封闭面板	浅蓝色	半光泽	L70 G2 B3 (2)
端锥倒角面板	蓝色	半光泽	25102 (1)
端锥通道面板	米白色	半光泽	27722 (1)

注:(1)美国政府采购使用的联邦标准色,文件编号:FED-STD-595。

(2)Cdorcurve Systems In C. 公司注册商标。

舱内配色以白色为主、蓝色为辅,采用高明度、低彩度色调以扩展视觉空间;各舱接口板采用差异化配色,便于航天员快速定位。

5.1.2　工作区环境特征及色彩设计需求分析

5.1.2.1　工作区色彩分析

航天员的作业能力(即任务执行效能)受生理、心理、技能水平及空间环境(如失重、狭小空间、人-系统整合设计等)综合影响。针对性色彩设计可调节航天员心理生理反应,缓解其作业焦虑并提升效率,从而优化航天任务整体表现。适宜的界面色彩设计能缓解航天员视觉疲劳并提升警觉度,优化操作界面功能与人性化设计。人机界面色彩需兼顾注目性与能见度,以强化交互效率。航天器工作区色彩设计示例如同 5-1 所示。

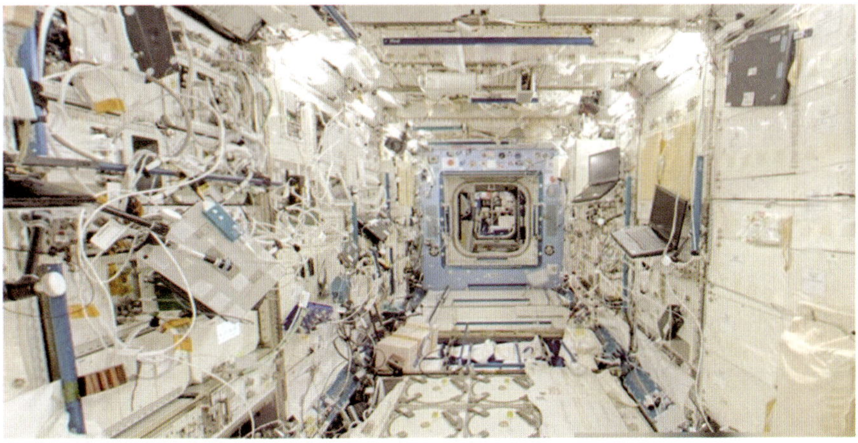

图 5-1　航天器工作区

图片来源:手机趣事屋. 国际空间站分家了,能飞到我们国家空间站来吗?[EB/OL]. (2024-06-28)[2025-03-05]. https://baijiahao.baidu.com/s?id=1803057404100008383&wfr=spider&for=pc.

5.1.2.2 色彩对航天员感知能力的影响

色彩通过视觉神经触发生理调节，影响循环、内分泌及消化系统：红色可使血压升高与脉搏跳动加快，黄色刺激消化，绿色有助于镇静与平衡，蓝色降低生理活跃度。研究表明，色彩的心理与生理效应互为作用（如红色既激发兴奋又引发焦虑），需通过多维度数据构建评价模型。此外，色彩的生理作用也常与疲劳感的研究联系在一起。色彩环境产生的疲劳效应主要表现在视觉疲劳上，从色相上看，蓝色、紫色最易引起眼睛的疲劳感；红色、橙色次之；绿蓝色、绿色、黄绿色等色相不容易引起视觉疲劳。此外，环境中明度过高会刺眼，过低则分辨困难；饱和度过高，色彩鲜艳会导致刺激感；色彩对比强烈、色彩搭配杂乱无章都会造成较强的刺激。颜色通过激活人脑关联记忆引发情绪反应（如红色激发活力，蓝色舒缓焦虑），调节人体心理状态。

在太空环境中，部分受试者因图形颜色强度变化出现幻觉，初期感知色彩亮度下降。研究显示，高饱和度的黄色和红色在失重下显得更明亮，而蓝色较暗，表明视网膜和中枢神经系统对色彩处理存在差异。这些变化导致人们不同的心理状态，显示色彩对太空环境下人们的心理状态有显著影响。

5.1.2.3 航天环境设计中的色彩调节

色彩的心理语义与环境要素之间存在动态关联，其符号特性可调节人因适配差距。在色彩调节过程中，环境色通过提高工作意愿与效率、改善氛围、减轻疲劳以及增强安全性发挥调节作用。载人航天器的环境色彩构成航天员的主要视觉背景，影响大脑认知并调节视觉生理，进而间接影响工作判断。研究表明，界面主题不明确时，航天员倾向于关注环境色彩信息。分析色彩变化对航天员感知能力的影响，可揭示色彩与情绪变化之间的规律，为航天任务情绪需求提供设计指导。

5.1.3 设计定位和色彩设计目标

5.1.3.1 设计定位

航天员在微重力环境下长期执行任务时，心理状态易受环境影响，如空间站内部色彩设计不当可能引发方向误判或晕眩感。为此，需以航天环境情绪需求为核心，构建航天任务色彩情绪感知理论及环境设计机制，建立情绪测评体系，既为人机界面设计提供符合视觉认知规律的方案，又为航天员适应太空环境、缓解情绪问题提供策略支持。

5.1.3.2 色彩设计目标

根据中国航天员科研训练中心对航天员作业能力的分类[15]，航天员的作业能力需求可划分为 3 个方面：感知能力、信息处理能力和操作能力。

根据这 3 种航天员所需的作业能力，确立了 3 种不同的设计目标，分别为本能层设计、行为层设计以及反思层设计。基于感知、认知与情绪调节三维需求，优化航天器色彩设计：适配视觉需求以缓解长期作业疲劳；强化部件色彩区分度以避免误判；运用情绪调节性配色以保障决策质量与心理稳态。

5.2　阶段二:工作区色彩选取与情绪感知模型验证

5.2.1　情绪感知模型

5.2.1.1　情绪感知模型研究

色彩心理语义的跨文化研究较多,但受文化差异制约。现有研究多从色彩关联情绪的表象切入,尚未阐明其内在作用机制。因此,引入 PAD[pleasure(愉悦度)、arousal(唤醒度)、dominance(优势度)]情绪模型,开展以维度为基础的色彩情绪感知理论框架,是该领域目前主流的方法。

前文通过对航天员胜任特征和载人航天任务情绪适应特征进行分析,得到确定情绪参量的路径与参考依据,现结合 PAD 情绪模型,对航天任务情绪需求进行定性分析,具体研究思路如图 5-2 所示。

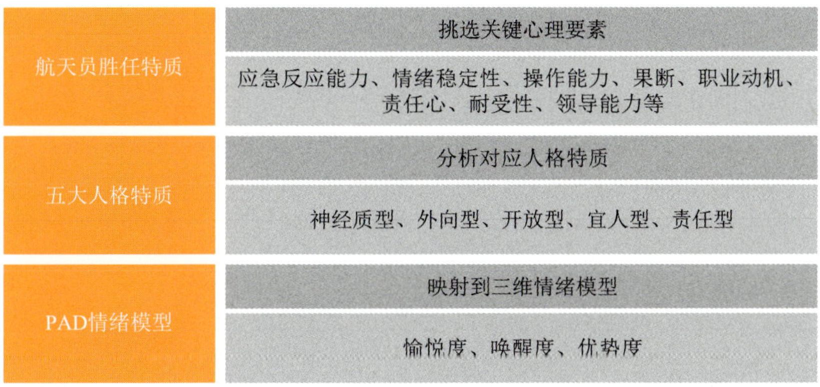

图 5-2　航天任务情绪需求分析

上文通过分析色彩的相关理论与 PAD 情绪模型的联系,在色彩与情绪之间搭建一个定性分析的桥梁,同时结合航天环境下的情绪特征与色彩设计需求,总结出满足航天环境情绪需求的色彩设计方法,并基于 PAD 模型对色彩设计方案从主观情绪量表与生理信号验证两个方面进行情绪感知评价,构建基于 PAD 的航天环境色彩设计与情绪感知评价模型,如图 5-3 所示。

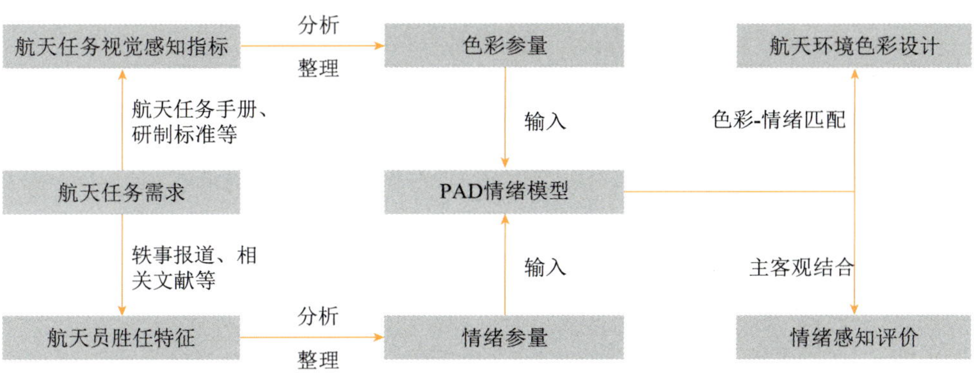

图 5-3　基于 PAD 的航天环境色彩设计与情绪感知评价模型

5.2.1.2 情绪的生理信号特征变化

情绪变化伴随生理信号变化，其相较于面部表情或语音的优势在于能更真实地反映内在状态，因后者表征细腻度不足且易受主观控制。因此，生理信号是情感计算的重要输入信号。用于情感计算的生理信号主要包括脑电、眼动、肌电、皮肤电、心电和呼吸等[16]。

其中，脑电图(EEG)是通过脑电帽，在头皮处将人的大脑产生的微弱生物电信号收集、放大并记录而得到的信号。在频域中通常将脑电信号划分为5个频段，不同频段能够反映出大脑的不同活动状态。不同波段的脑电信号特征见表5-3。

表 5-3 不同波段的脑电信号特征

波段	频率范围/Hz	幅值范围/μV	特征
δ波	0.5～4	20～200	δ波主要由大脑的额叶和枕叶产生，频率范围较低，不参与信息处理过程
θ波	4～8	20～40	θ波在顶叶和额叶比较明显，人在放松的状态或疲劳的状态下产生，分散于中央区的θ波还与大脑的思考、记忆、学习有关
α波	8～13	10～80	α波主要出现在枕叶及顶叶后部，且与大脑的视觉皮层有关，当人体处于安静状态时，α波较为明显
β波	13～30	3～50	β波主要处于额叶，一般出现于兴奋状态下，间接反映了大脑皮层的兴奋度，其幅度随着神经系统的兴奋度的不断提高而变大
γ波	30～45	0～2	γ波一般出现于高兴状态下，与大脑活动密切相关，还与注意力、感觉刺激有着显著的关系

在基于生理信号的情感计算研究工作中，脑电信号占据主导地位，因为情绪与人的大脑思维密切相关。因此，本章选择脑电信号作为情绪模型构建以及验证的生理基础。

5.2.2 在轨工作区情绪感知模型的色彩选取

为验证航天环境色彩情绪模型，选取红色(唤醒/优势度显著)、绿色(积极情绪)、白色(ISS主色调)及深浅灰(明度对比)构建虚拟实验室配色方案，用于情绪感知实验，探究色彩属性与三维情绪的内在关联。具体色彩及参数见表5-4。

表 5-4 拟定环境色彩参数

颜色	示例	R	G	B	L	A	B
红		255	0	0	54	81	70
绿		0	255	0	88	−79	81
白		255	255	255	100	0	0
浅灰		215	216	210	86	0	3
深灰		127	127	127	53	0	0

使用Keyshot 10软件对虚拟航天工作舱室进行渲染，参考国际空间站内部结构表面处理工艺，确定各部件的材质。同时将舱室内照明条件、舱室其他部件色彩定量，照度可参考

飞船舱内工作台照明照度值(323 lx)。呈现效果如图 5-4 所示。

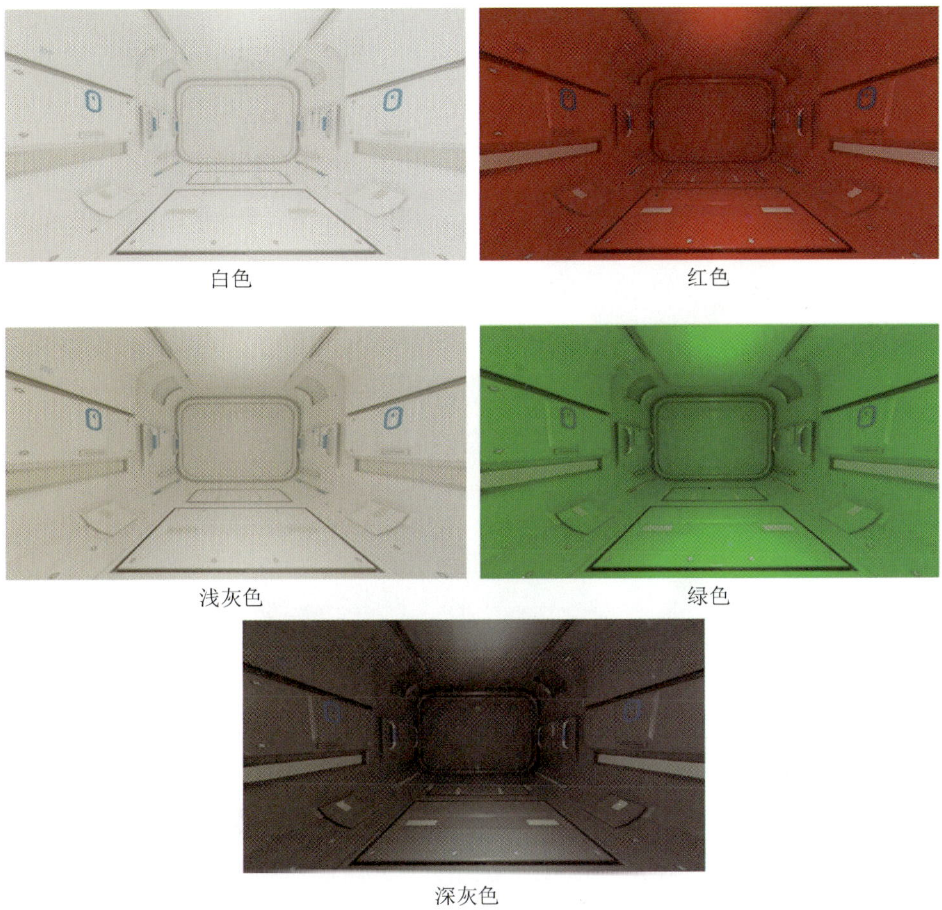

图 5-4　虚拟航天工作舱室环境色彩方案

5.2.3　色彩感知层次实验

5.2.3.1　实验对象

选取高校大学生、研究生共 35 名,男女比例接近 1∶1,身体健康,无明显精神疾病和色盲情况,视力或矫正视力正常,且测试前均无熬夜、酗酒等情况,精神状态良好,达到受试者要求,测试结果具有准确性。

本实验共 35 名受试者参与,其中 5 人数据不完整,最终采集 30 人(男女各 15)的主观情绪评价和脑电数据,采用 SPSS26 进行统计分析,分析不同自变量(色彩环境、效价、性别)的三维情绪评价结果,并对色彩环境进行多重比较。

5.2.3.2　实验设备

本实验在工程训练中心 VR 实验室进行,实验室具备电磁屏蔽条件,温度及光线适宜。脑电信号采集使用 QUICK-20 干电极多导联 EEG 系统,该设备采用国际标准的 10-20 布局[17],共 23 个电极位置(20 通道+参考线+2 个接地线)(图 5-5)。公共参考点位于 A1,通过耳夹电极获取。Quick-20 的 2 个接地点位于 Fp1 和 Fp2 位置附近。国际标准 10-20 布局与脑区划分见表 5-5。

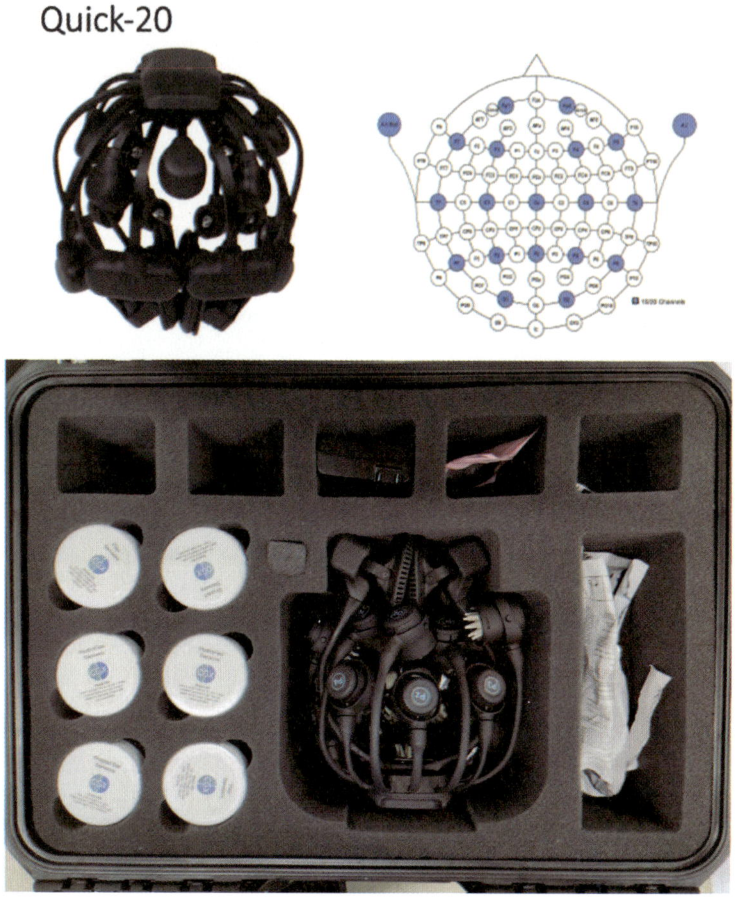

图 5-5　实验脑电设备

表 5-5　国际标准 10-20 布局与脑区划分

部位	名称	代号
前额	额极	Fp1、Fp2
额	前额	F3、F4、Fz
中央	中心	C3、C4、Cz
顶	顶叶	P3、P4、Pz
枕	枕叶	01、02
侧额	额下	F7、F8
颞	颞骨	T3、T4
后额	后颞肌	T5、T6
耳	耳状	A1、A2

5.2.3.3　实验程序

实验采用 CAPS 库 15 张情绪图片(分 3 类效价)诱发反应,受试者头低位卧床 70 min,依主观感受评估愉悦度、唤醒度及优势度。总体实验流程如图 5-6 所示,该实验流程共 75 个试次。

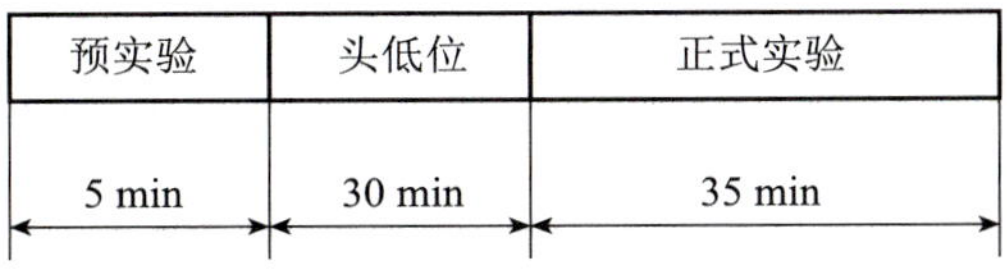

图 5-6　总体实验流程

①实验在虚拟仿真实验中心完成，实验前先告知其实验内容，并签署实验知情书，然后安排受试者进行足够的练习，直至受试者理解并学会实验评价指标。

②为尽可能模拟空间实验室环境中航天员的情绪特征，在进行正式实验前还将让受试者进行一6°头低位卧床实验，约 30 min。

③为受试者戴好相关实验设备，并调试好设备，以达到最佳效果。

④正式实验依据 CAPS 的标准化评估程序进行，如图 5-7 所示，完成一张照片的评估共需 26 s，其中先呈现 5 s 的标示题号，接着 6 s 呈现 CAPS 刺激照片，随后 15 s 为作答提醒和受试者评估时间。请受试者根据自己的感觉就其愉悦度、唤醒度和优势度 3 个方面进行 1～9分等级评估。完成一种色彩环境下 15 张图片的时间约需 5.5 min，完成 5 种色彩环境下的实验总共需要 32.5 min。

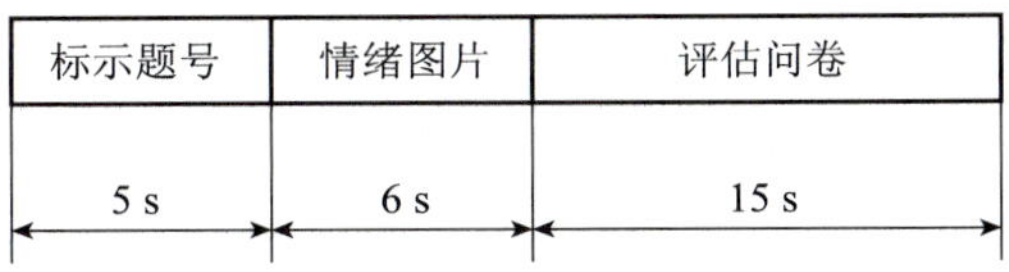

图 5-7　单个试次实验流程

5.2.3.4　在轨工作区空间环境搭建

构建简易虚拟空间实验室环境，将工作舱室环境色彩作为变量，舱室内照明条件、舱室其他部件色彩作为定量。空间实验室简易模型为一个正面开口的长方体，实验界面显示在模型内部，离墙面有一定距离，空间内照度为 323 lx，如图 5-8 所示。

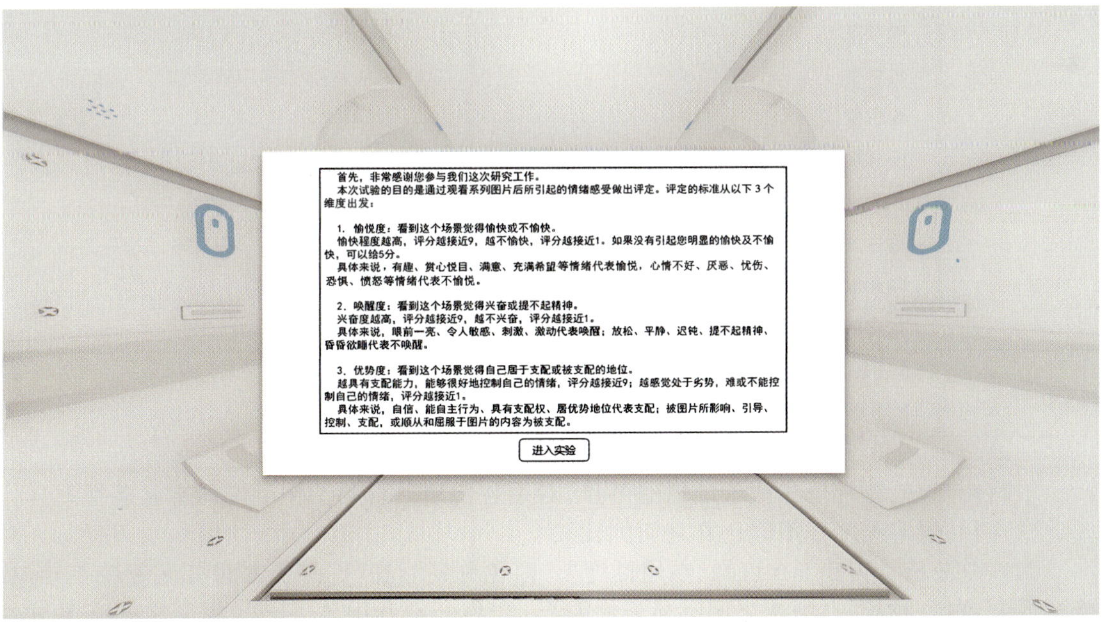

图 5-8　实验界面示例

5.2.4 实验结果与讨论

5.2.4.1 主观情绪评价分析结论

(1)多元方差分析

通过对色彩环境、效价和受试者性别3个自变量进行方差分析,结果显示不同的色彩、不同的情绪图片下以及不同性别的受试者主观情绪评分均具有显著性差异,不同色彩之间,$F=6.782$,$P=0.000$;不同的效价图片之间,$F=295.640$,$P=0.000$;不同性别的受试者之间,$F=89.037$,$P=0.000$,见表5-6。

表5-6 色彩环境、效价和受试者性别对情绪三维度评分的多元方差分析

效应	值	F	假设自由度	误差自由度	显著性	偏Eta平方
截距	0.957	16344.822[a]	3	2218	0	0.957
性别	0.107	89.037[a]	3	2218	0	0.107
色彩环境	0.036	6.782	12	6660	0	0.012
效价	0.571	295.64	6	4438	0	0.286

注:[a] $R^2=0.097$(调整后 $R^2=0.085$)。

(2)色彩环境、效价和受试者性别对情绪三维度评分的比较

色彩环境、效价和受试者性别对情绪三维度评分的比较见表5-7。

表5-7 色彩环境、效价和受试者性别对情绪三维度评分的比较

源	因变量	Ⅲ类平方和	自由度	均方	F	显著性
修正模型	愉悦度	5040.482[a]	29	173.81	77.967	0
	唤醒度	963.617[b]	29	33.228	8.225	0
	优势度	2378.706[c]	29	82.024	19.368	0
性别	愉悦度	184.481	1	184.481	82.754	0
	唤醒度	284.542	1	284.542	70.432	0
	优势度	635.027	1	635.027	149.945	0
色彩环境	愉悦度	51.4	4	12.85	5.764	0
	唤醒度	178.416	4	44.604	11.041	0
	优势度	112.093	4	28.023	6.617	0
效价	愉悦度	4735.224	2	2367.612	1062.06	0
	唤醒度	426.455	2	213.228	52.779	0
	优势度	1552.144	2	776.072	183.25	0

注:[a] $R^2=0.505$(调整后 $R^2=0.498$);
[b] $R^2=0.097$(调整后 $R^2=0.085$);
[c] $R^2=0.202$(调整后 $R^2=0.191$)。

不同性别、色彩环境和效价的情绪图片,对主观情绪评价的3个维度均有显著性差异。

(3)同一情绪维度下不同色彩之间的比较

①方差分析。由表5-8可知,在愉悦度上,白色分别与红色、深灰之间有显著性差异,在唤醒度上,白色和浅灰、深灰之间有显著性差异;红色分别和绿色、浅灰、深灰之间有显著性差异;在优势度上,红色和所有色彩之间都有显著性差异,其中和浅灰的差异最大。

表 5-8　同一情绪评价纬度下不同色彩之间的比较

因变量	色彩环境(I)	色彩环境(J)	(I−J)平均值差值	标准误差	显著性
愉悦度	白色	红色	0.38*	0.1	0.001
		绿色	0.11	0.1	1
		浅灰	0.21	0.1	0.369
		深灰	0.39*	0.1	0.001
	红色	白色	−0.38*	0.1	0.001
		绿色	−0.27	0.1	0.062
		浅灰	−0.17	0.1	0.832
		深灰	0.01	0.1	1
	绿色	白色	−0.11	0.1	1
		红色	0.27	0.1	0.062
		浅灰	0.1	0.1	1
		深灰	0.28	0.1	0.053
	浅灰	白色	−0.21	0.1	0.369
		红色	0.17	0.1	0.832
		绿色	−0.1	0.1	1
		深灰	0.18	0.1	0.742
	深灰	白色	−0.39*	0.1	0.001
		红色	−0.01	0.1	1
		绿色	−0.28	0.1	0.053
		浅灰	−0.18	0.1	0.742
唤醒度	白色	红色	−0.26	0.134	0.543
		绿色	0.2	0.134	1
		浅灰	0.43*	0.134	0.014
		深灰	0.51*	0.134	0.001
	红色	白色	0.26	0.134	0.543
		绿色	0.46*	0.134	0.007
		浅灰	0.69*	0.134	0
		深灰	0.77*	0.134	0
	绿色	白色	−0.2	0.134	1
		红色	−0.46*	0.134	0.007
		浅灰	0.23	0.134	0.847
		深灰	0.31	0.134	0.191
	浅灰	白色	−0.43*	0.134	0.014
		红色	−0.69*	0.134	0
		绿色	−0.23	0.134	0.847
		深灰	0.08	0.134	1

续表

因变量	色彩环境(I)	色彩环境(J)	(I−J)平均值差值	标准误差	显著性
唤醒度	深灰	白色	−0.51 *	0.134	0.001
		红色	−0.77 *	0.134	0
		绿色	−0.31	0.134	0.191
		浅灰	−0.08	0.134	1
优势度	白色	红色	0.54 *	0.137	0.001
		绿色	0.01	0.137	1
		浅灰	−0.08	0.137	1
		深灰	0.02	0.137	1
	红色	白色	−0.54 *	0.137	0.001
		绿色	−0.53 *	0.137	0.001
		浅灰	−0.62 *	0.137	0
		深灰	−0.52 *	0.137	0.002
	绿色	白色	−0.01	0.137	1
		红色	0.53 *	0.137	0.001
		浅灰	−0.09	0.137	1
		深灰	0.02	0.137	1
	浅灰	白色	0.08	0.137	1
		红色	0.62 *	0.137	0
		绿色	0.09	0.137	1
		深灰	0.1	0.137	1
	深灰	白色	−0.02	0.137	1
		红色	0.52 *	0.137	0.002
		绿色	−0.02	0.137	1
		浅灰	−0.1	0.137	1

注：* 代表有显著性差异。

②均值对比(表 5-9 和图 5-9)。

表 5-9　不同色彩环境下主观情绪评分均值对比

色彩环境	愉悦度	唤醒度	优势度
白色	5.03	4.72	6.06
红色	4.65	4.98	5.52
绿色	4.93	4.52	6.05
浅灰	4.83	4.29	6.14
深灰	4.62	4.21	6.04

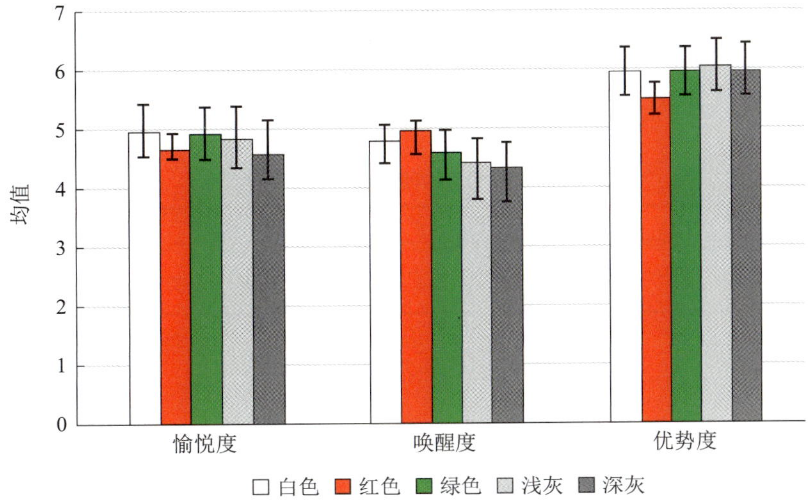

图 5-9　不同色彩环境下主观情绪评分均值对比

由表 5-9 和图 5-9 可知，白色愉悦度最高（深灰最低）；红色唤醒度最强（深灰最弱），但优势度显著低于其他无差异色彩环境。

（4）不同效价的情绪图片主观评分比较

通过给受试者观看不同效价的情绪图片，对比其在不同情绪维度上的评分差异。由表 5-10 和图 5-10 可知，愉悦度均值随效价降低而降低，受试者在观看中性图片时的唤醒度均值显著低于另外两组数据，正/负性图片唤醒度较高（负性略优），中性优势度居首，负性显著最低，提示负性情绪更易受控。

表 5-10　不同效价情绪图片主观情绪评分均值对比

效价	愉悦度	唤醒度	优势度
止性	6.01	4.74	6.29
中性	5.67	3.94	6.77
负性	2.78	4.95	4.82

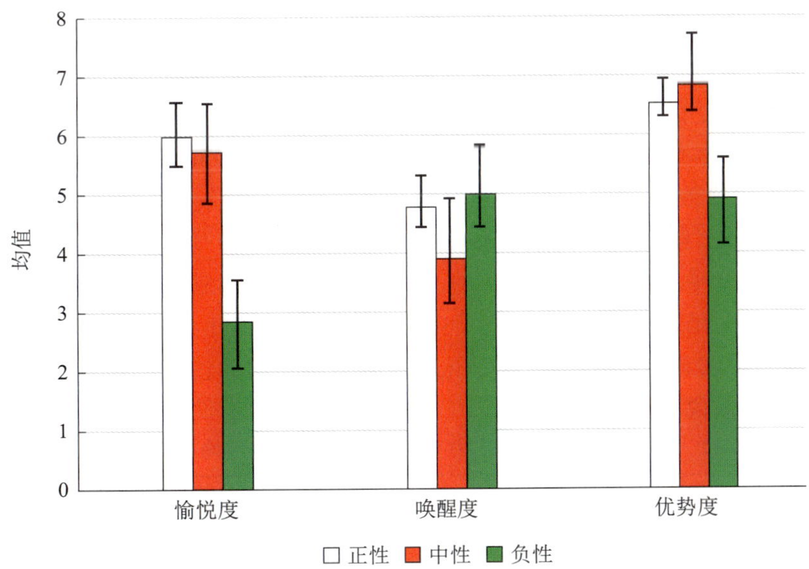

图 5-10　不同效价情绪图片主观情绪评分均值对比

(5)不同性别的情绪图片主观评分比较

通过对比男性受试者和女性受试者在观看情绪图片后的主观情绪评分，可以看出男性在愉悦度和唤醒度两个维度上均值均高于女性，而女性在优势度均值上显著高于男性，见表5-11和图5-11。

表 5-11　不同性别情绪图片主观评分比较

性别	愉悦度	唤醒度	优势度
男性	5.1	4.9	5.43
女性	4.53	4.19	6.49

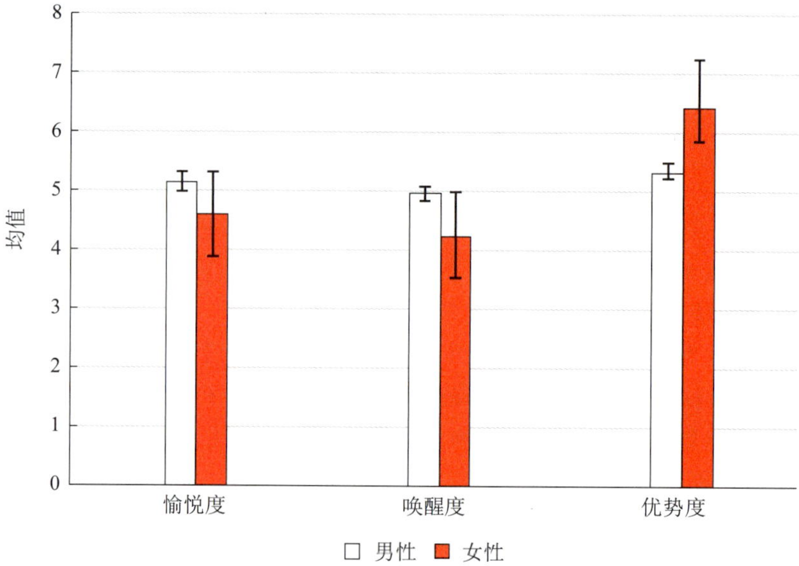

图 5-11　不同性别情绪图片主观评分比较

5.2.4.2　脑电数据分析结论

(1)脑电数据预处理

脑电数据需预处理(降噪、滤波等)以消除环境及生理干扰伪迹，其频段特征(α 波关联镇静，β 波反映警觉)可映射情绪状态差异，此内容在第 4 章节中已做出详细叙述，此章节不再赘述。同时为定量分析受试者的脑电数据，还需要将时域特征转换为频域特征，并导出不同频段下的脑电波功率值。本章所涉及的脑电数据预处理在 BrainVision Analyzer 2.2 中进行。

(2)α 波平均功率值对比

表 5-12 和图 5-12 给出了不同色彩环境下 α 波平均功率。从图 5-12 中可看出，在红色环境下 α 波相对脑电平均功率比值最大，白色环境下 α 波相对脑电平均功率比值最小；具体体现在不同脑区上的结果见表 5-13 和图 5-13，红色环境下额叶和顶叶 α 波相对脑电功率比值均为最大，说明受试者在红色背景环境下观看情绪图片的愉悦程度最低，在白色背景环境下观看情绪图片的愉悦程度较高。

表 5-12　不同色彩环境下左、右额叶 α 波相对脑电平均功率值与比值

色彩	左额叶	右额叶	比值
白色	0.436357667	0.722163976	0.60
红色	0.499964404	0.698434201	0.72
绿色	0.494571991	0.736018036	0.67

续表

色彩	左额叶	右额叶	比值
浅灰	0.422474457	0.65975951	0.64
深灰	0.456289071	0.771640307	0.59

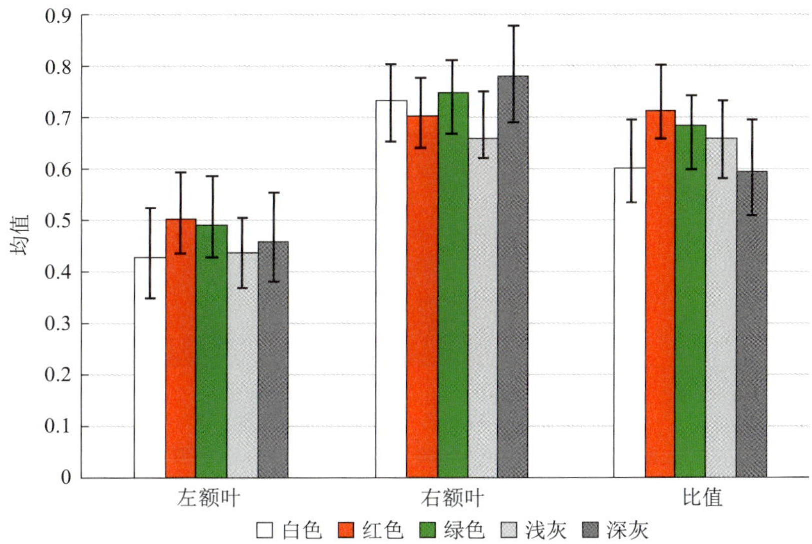

图 5-12　不同色彩环境下左、右额叶 α 波相对脑电平均功率值与比值

表 5-13　不同色彩环境下各脑区 α 波相对脑电功率比值

色彩	额叶	顶叶	枕叶	颞叶	总体
白色	0.60	0.67	0.82	0.63	0.68
红色	0.72	0.71	0.88	0.63	0.73
绿色	0.67	0.68	0.89	0.67	0.73
浅灰	0.64	0.62	0.87	0.67	0.70
深灰	0.59	0.66	0.86	0.64	0.69

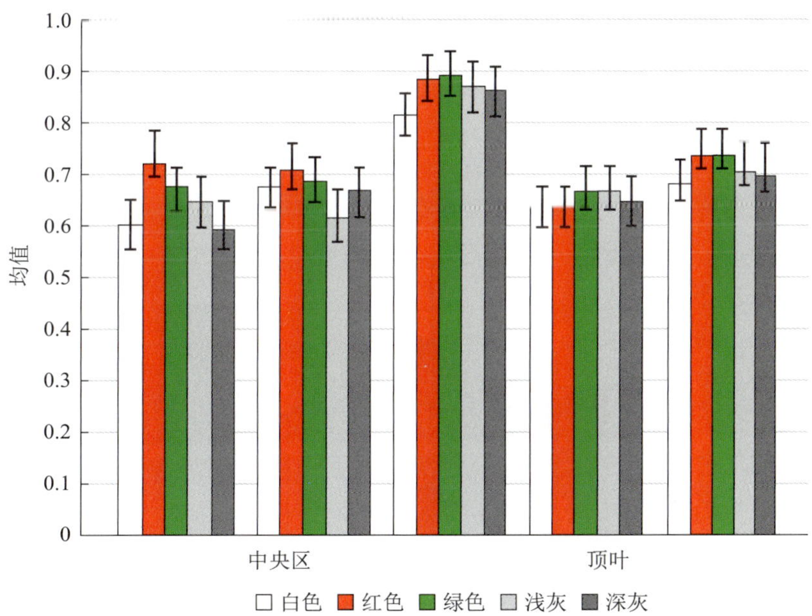

图 5-13　不同色彩环境下各脑区 α 波相对脑电功率比值

(3)β 波平均功率值对比

通过分析不同色彩环境下颞叶的 β 波平均功率值，发现在白色环境下，颞叶区的 β 波平均功率值最高，浅灰色下颞叶区的 β 波平均功率值最低，如图 5-14 所示。这说明在浅灰色环境下大脑的颞叶 β 波能量得到抑制，受试者的情绪唤醒度较低。

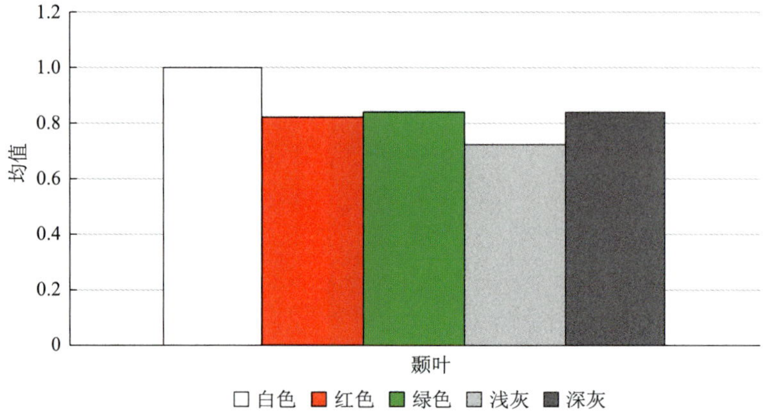

图 5-14　不同色彩环境下颞叶 β 波平均功率值

(4)γ 波平均功率值对比

通过分析不同色彩环境下各脑区的 γ 波平均功率值的方差，发现中央区和顶叶的 γ 波平均功率值与色彩环境之间有显著性差异，见表 5-14 和图 5-15。因此，下面对两部分脑区的 γ 波平均功率值进行分析。

表 5-14　不同色彩环境下各脑区 γ 波平均功率值显著性分析

源	因变量	Ⅲ类平方和	自由度	均方	*F*	显著性
色彩环境	中央区	0.131	4	0.033	5.379	0
	额叶	0.019	4	0.005	0.425	0.791
	枕叶	0.031	4	0.008	1.017	0.401
	顶叶	1.153	4	0.288	33.766	0
	颞叶	0.049	4	0.012	1.567	0.186

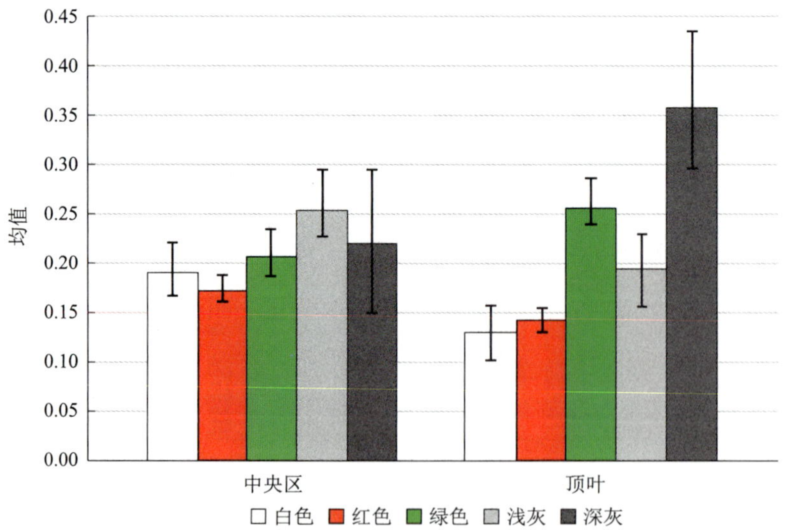

图 5-15　不同色彩环境下中央区与顶叶 γ 波平均功率值

由图 5-15 可知，红色环境下中央区的 γ 波平均功率值最低，顶叶区的 γ 波平均功率值除白色环境外最低，说明在此种环境下 γ 波的活动得到抑制，代表红色环境下人的愉悦度较低。这可能与红色给人造成的焦虑感有关，同时高度饱和的红色也可能引起人的注意力分散。在灰色环境下中央区与顶叶区的 γ 波平均功率值较高，说明在此种环境下注意力更为集中。

5.2.5 实验结论及其对设计的指导意义

5.2.5.1 主观情绪评价分析

实验显示，白色环境下脑电 α 波脑电平均功率比值最小，红色环境下左右额叶和顶叶 α 波相对脑电平均功率比值均为最大，说明白色背景愉悦感最高（深灰色最低），红色唤醒感最强但优势度最低；灰色环境下中央区与顶叶区的 γ 波脑电平均功率值较高，红色环境相对较低，浅灰色优势度最高，表明红色易引发情绪波动，浅灰色更利于情绪稳定。

5.2.5.2 主观情绪评价结论及意义

脑电信号蕴含了大量的情绪信息，本小节通过分析不同频率下的脑电波活动强度，得出人在红色、绿色、白色、浅灰以及深灰 5 种环境色彩下的情绪特征，具体参考的关键脑电活动指标见表 5-15。实验显示：白色环境 β 波活跃（高唤醒）、α 波比值低（高愉悦）；红色 γ 波抑制（低愉悦/优势度），浅灰 γ 波活跃（高优势度）；深灰 γ 波顶叶区活跃，浅灰中央区突出，印证主观情绪评价结果。

表 5-15 不同色彩环境下关键脑电活动指标

色彩	左、右额叶 α 波功率值比值	颞叶 β 波平均功率值	顶叶 γ 波平均功率值
红色	0.72	0.83	0.14
绿色	0.67	0.84	0.26
白色	0.60	1.00	0.13
浅灰	0.64	0.75	0.19
深灰	0.59	0.83	0.36

5.3 阶段三：在轨工作区色彩方案设计

5.3.1 色彩设计原则与方法

航天器环境色彩设计是人机系统整合的关键要素，需遵循以人为中心原则，构建人本导向的色彩设计流程，兼顾功能适配与乘员心理需求。以人为中心的设计（HCD）的程序支持将任务、乘员和设计要求联系起来而达到有效、高效、高产和安全设计的开发理念[18]。以人为中心的航天环境色彩设计流程主要分为 3 个部分：航天任务情绪需求分析、航天环境色彩设计、基于情绪感知的色彩设计评价。

5.3.2 工作区色彩设计

5.3.2.1 环境色设计

参考国际空间站内部环境配色方案，明确了可进行色彩设计的组成要素，具体包括地板、天花板、接口板、机架、柜面等。其中地板、天花板、接口板占暴露面积的90%以上，它们共同构成了工作区的环境，也是航天器色彩设计的重点区域。

采用3D建模和渲染构造载人航天器工作区布局的虚拟工作舱室，如图5-16所示。

白色主色虽符合规范与情绪需求，但单一色调易导致功能分区模糊（如扶手辨识度低）、视觉单调性疲劳。需辅以辅助色增强功能标识与视觉层次，平衡实用性与心理适居性。

图5-16 虚拟航天工作舱室内部草模

5.3.2.2 主色设计

实验研究表明，浅灰色因其低唤醒度与高情绪控制优势，符合航天工作舱室情绪适配需求，建议作为主色调。但单一色调易引发注意力分散与情绪波动，需通过上下界面色彩对比（如功能分区辅以中高饱和度色系）以平衡镇静感与空间定向需求。因此，深灰色的位置应该放在较低的对峙面板和白色的上面，因为深色总是被认为比浅色重，如图5-17所示。

图5-17 虚拟航天工作舱室环境色彩展示

5.3.2.3　辅助色设计

航天舱内色彩设计需遵循低强度对比原则：灰色主调搭配浅蓝色破除单调；高饱和黄色扶手强化功能标识；蓝色系（ISS 标准色系）既延续传统航天意象，又能通过明度差异（如深蓝按钮与浅灰背景）提升操作部件辨识度，同时维持空间镇静感。

5.3.3　最终方案优化与探讨

根据前文的实验结论可知，受试者在浅灰色环境下的情绪唤醒度较低，同时优势度较高，能够很好地控制情绪波动，满足航天员在工作环境下的情绪需求。因此，选用浅灰色作为工作区虚拟舱室的环境色彩，同时根据 NASA 的国际空间站内部配色标准中关于相关配件的色彩规范[14]，对其他色彩设计区域进行赋色，优化整体色彩设计方案。国际空间站内部硬件与机架使用色彩规范见表 5-16。

表 5-16　国际空间站内部硬件与机架使用色彩规范

硬件描述	色彩	工艺	代号
扶手	蓝色（阳极氧化）	半光泽	25102
短时脚约束（SDFR）脚板	蓝色（阳极氧化）	半光泽	25102
长时脚约束（LDFR）脚板	蓝色（阳极氧化）	半光泽	25102
LDFR 标准	透明（阳极氧化）	半光泽	无
SDFR 和 LDFR 脚踏板带	天然/米白色材质	半光泽	无
设备机架实用面板凹槽	白色	半光泽	27925(1)
设备机架实用程序面板文本字符	黑色	无光泽	37038(1)
（ISPR 工具）最近面板	白色	半光泽	27925(1)
ISPR 实用程序面板缩进文本字符	黑色	无光泽	37038(1)
功能单元公用设施面板凹槽（适用）	白色	半光泽	27925(1)
功能单元实用程序面板凹陷文本字符	黑色	无光泽	37038(1)
机架前通道延长件	米白色	半光泽	27722(1)
高架机架面板	米白色	半光泽	27722(1)
端口机架面板	米白色	半光泽	27722(1)
右舷机架面板	米白色	半光泽	27722(1)
甲板架面板	米白色	半光泽	27722(1)
高架机架公用设施面板关闭	米白色	半光泽	27722(1)
端口机架实用面板关闭	米白色	半光泽	27722(1)

根据前文实验数据，浅灰色方案通过低唤醒度与高优势度的协同作用，能有效抑制情绪波动并维持控制感，符合航天员对舱室色彩设计的情绪适配需求。同时根据相关色彩使用规范，以及上文对工作区的初步色彩设计结论，对工作区虚拟舱室内部色彩设计进行了完善，如图 5-18 所示。工作区主色采用浅灰、米白和冷调蓝辅助，遵循规范，兼顾高效与空间开阔感，助力乘员作业效率提升。

图 5-18　工作区虚拟舱室内部色彩设计方案展示

5.3.4　结语

本研究基于PAD理论构建了航天环境色彩情绪感知模型，并通过主观情绪评价和脑电数据验证了浅灰色方案在虚拟航天空间中的适用性。实验表明，浅灰色方案能够有效抑制情绪波动，保持较高情绪控制感，满足航天员情绪需求。该研究提出了一种新的色彩设计与情绪适居性评估方法，为航天环境色彩设计提供了理论依据和实践参考，填补了当前航天环境色彩设计与情绪需求匹配研究的空白，具有重要的研究价值和应用意义。

参考文献

[1]周建平. 我国空间站工程总体构想[J]. 载人航天，2013，19(2)：1-10

[2]张其吉，白延强. 载人航天中的若干心理问题[J]. 航天医学与医学工程，1999，12(2)：69-73.

[3]吴斌，陈善广. 航天员选拔与训练[J]. 科学，2008，60(6)：43-46.

[4]秦海波，白延强，吴斌，等. 载人航天飞行中的情绪研究进展，[J]. 航天医学与医学工程，2012，25(4)：302-305.

[5]王峻，白延强，秦海波，等. 空间站任务航天员心理问题及心理支持[J]. 载人航天，2012，18(2)：68-73.

[6]王子莹，巴剑波，王川. 工作环境色彩对人体心理、生理和作业绩效的影响[J]. 人类工效学，2021，27(3)：76-82.

[7]SAVAVIBOOL N，GATERSLEBEN B，MOORAPUN C. The effects of colour in work environment：a systematic review[J]. Environment-Behaviour Proceedings Journal，2016，10(4)：262-270.

[8]KÜLLER R，MIKELLIDES B，JANSSENS J. Color，arousal，and performance—A comparison of three experiments[J]. Color Research and Application，2009，34(2)：141-152.

[9] KWALLEK N，SOON K，LEWIS C M. Work week productivity，visual complexity，and individual environmental sensitivity in three offices of different color interiors[J]. Color Research & Application，2007，32(2)：130-143.

[10]马如宏. 人因工程[M]. 北京：北京大学出版社，2011：162-178.

[11]胡添元，许成鑫，魏传锋，等. 基于系统工程的载人航天器人机界面总体设计方法[J]. 航天器环境工

程,2017,34(1):76-80.

[12]景晓路,刘芳,吴斌,等.航天员胜任特征分析与比较研究[J].航天医学与医学工程,2007(5):317-322.

[13]MEHRABIAN A. Analysis of the big-five personality factors in term of the PAD temperament mode [J]. Australian journal of Psychology,1996,48(2):86-92.

[14]NASA. International Space Station InteriorColor Scheme,NASA. SSP 50008[Z]. Space Station Program Office,Johnson Space Center,Houston,Texas Retrieved September 2008.

[15]陈善广,王春慧,陈晓萍,等.长期空间飞行中人的作业能力变化特性研究[J].航天医学与医学工程,2015,28(1):1-10.

[16]权学良,曾志刚,蒋建华,等.基于生理信号的情感计算研究综述[J].自动化学报,2021,47(8):1769-1784.

[17]Trans Cranial Technologies Ltd. 10/20 系统定位手册(V1.0)[Z].香港:Trans Cranial Technologies Ltd.,2012.

[18]陈善广.人整合设计手册[M].北京:中国宇航出版社,2007.

第 6 章　载人航天器警示弹窗界面色彩设计与评测

设计背景

随着我国载人航天事业的发展，航天员信息加工任务增多，色彩作为视觉感知最快途径[1]，在人机界面中发挥重要作用。研究表明，色彩能提升人的心理舒适度、工作绩效、安全性及对环境满意度[2-6]，减少环境压力、工作疲劳和身心问题，显著影响空间环境适居性水平[7]。此外，色彩对生理参数、认知与决策能力及心理因素有显著影响，成为航天适居性研究关键因素。

研究表明，航天器在复杂外太空环境中常面临紧急情况，如 2018 年俄罗斯联盟号飞船漏气事故、我国神舟七号飞船出舱任务时的火灾警报，以及国际空间站星辰舱室的烟雾警报等。这些事件凸显了紧急情况下信息显示的及时性与准确性对航天器与航天员安全的重要性。作为核心显示系统，航天器操作界面需在紧急情况下迅速提供报警信息，并对可预判结果进行实时计算与反馈。因此，本章基于我国天和核心舱操作界面，针对突发紧急情况下的系统报警需求，开展交互弹窗界面设计研究，旨在优化紧急报警系统的交互效率与可靠性[8]。

6.1　阶段一：任务分析与设计定位

6.1.1　任务与需求分析

6.1.1.1　航天员特因环境下的感知能力变化

中国载人航天办公室副总设计师陈善广指出，长期空间飞行中人有 6 个方面的局限性[9]，包括敏感性、反应时间、信息通道数量、响应速度、平衡觉和耐压性。人类似于单处理器，不适合短时间多任务同步执行，对刺激信号的响应有延迟：声音刺激延迟 100 ms，视觉刺激延迟 120 ms，选择反应延迟 1 s。

(1)视觉

空间高光照强度和明暗对比度变化影响视觉能力。如在 Voskhod 飞行中，两名航天员在高对比度下视敏度减少 5%～10%；在 Soyuz-4 和 Soyuz-5 飞行中，3 名航天员在高、低对比度下视敏度减少 10%，1 名增加 20%；在 Soyuz-9 飞行中，航天员在高对比度下视敏度下降 18%，在低对比度下视敏度仅下降 4%。

(2)平衡觉

失重环境导致人类空间失定向和运动病，表现为视觉、前庭、触觉及本体感觉系统信号整合失调，引发运动错觉、定向障碍及姿势失调。无重力环境下前庭反射失效，影响凝视稳定性和视觉功能[10,11]，倾斜超过 60°时，面孔和文字难以辨认[12-15]。问题通常在入轨几天后缓解，但返回地球后仍可能影响变重力环境下的眼-头协调和数据追踪等任务。研究表明，失重环境对航天员感知与操作能力影响显著，需在界面设计和任务流程中充分考虑，确保任务安全与效率[16,17]。

(3)警觉性

空间环境的特殊性会对航天员的睡眠和生物节律产生影响[18]。研究表明，睡眠障碍和节律紊乱会导致人类警觉性降低、认知功能下降、反应时间延长、消极情绪增多、内分泌失调及代谢紊乱等问题[19-21]，甚至引发操作失误。大量研究证实，航天员的警觉性、操作能力和认知能力均受生物节律和睡眠的显著影响[22]。

6.1.1.2　数字界面视觉感知

数字界面中用户的视觉感知过程遵循一般规律：眼睛运动获取界面信息的粗略特征图并传递至大脑，大脑根据注意力需求加强目标相关信息并抑制无关信息，指引眼睛关注潜在区域，进一步构建详细特征图。通过连续选择与过滤，用户最终锁定目标并获取所需信息。界面设计的关键在于通过元素间的位置关系引导用户注意，以快速有效地感知并获取目标信息[23]。

(1)亮度感知

数字界面信息呈现依赖显示屏亮度，用户通过明暗变化识别目标信息。Shieh 的研究发现，高亮度对比下用户偏好不同颜色组合，低亮度对比下亮度对比影响大于色彩组合[24]。Yeh 的研究表明，用户对界面元素亮度的可感知范围至少为 1∶3，最佳为 1∶7[25]。亮度差异是用户识别数字界面目标信息的基本条件，具有重要地位。

(2)色彩感知

色彩在视觉感知中作用显著，具有色相、明度、饱和度三属性。Pastoor[26] 提出深色背景与浅色目标为最佳搭配，Shneiderman 和 Plaisant[27] 建议优先采用单色设计，如黑白组合。Lin 等人[28] 通过 EEG 实验发现，黑白、黄黑搭配更受欢迎，而红紫组合需慎用。合理的色彩搭配能提升界面信息认知效果，丰富界面层次。

(3)空间感知

空间感知是数字界面研究的重点，涉及三维物体深度感知。人脑通过静态图像、运动、生理线索及双目立体视觉获取深度信息。设计通过亮度、光影、重叠、透视等增强立体感，形成2.5维图标。近年来，三维图标、导航及菜单栏等真正立体设计的发展，提升了界面空间感知效果。

6.1.2　航天紧急情况任务报警分析

6.1.2.1　航天器紧急报警任务分析

航天应急情况的组成基于对航天安全的分析，结合载人飞船系统、运载火箭的安全性分析及历史事故情况确定。符合特定标准的应急情况会制定相应的航天应急故障操作程序，并纳入航天员应急故障操作训练计划[29]。本小节将介绍几种航天史上的突发紧急情况，作为紧急事件报警参考。

根据田野调查和互联网资料整理，本小节通过对航天相关事件及影视文化作品的网络调研，总结出载人航天器紧急任务报警类型，包括火警报警、气压故障报警(氧气、二氧化碳)、推进剂不足报警、对接倒计时弹窗、温控系统警报、有毒气体浓度警报、电力系统警报、助推剂报警等。

(1)紧急故障处理

载人航天器在发射、交会对接或返回过程中若发生故障且未及时处理,可能严重威胁飞行安全及航天员生命安全。为此,相关飞行事件须安排在测控区内执行,并要求地面人员在有限测控弧段内快速完成故障诊断与决策[30]。

本章以应急故障操作程序为核心,重点分析操作任务复杂度及人机界面设计对应急操作的影响[31]。

(2)故障处理

故障发生后,系统应及时触发报警,并在屏幕上弹出报警信息,提示用户系统异常。根据报警等级,故障解决方案分为两类:普通警报可暂缓处理,用户单击“继续”即可;严重警报为最高级别,可能危及航天系统稳定、航天员安全或空间站正常运行,需系统或航天员立即响应,以最大限度减少损失。

(3)航天应急操作复杂度影响因素构成

通过对 10 名航天员教员和 10 名航天员的主观问询,确定了操作复杂度的 4 个主要影响因素:操作步骤数量、操作逻辑结构、操作界面复杂度和任务信息复杂度。随后,对 10 名航天员进行主观问卷调查,调查结果与上述分析一致。研究表明,航天器界面色彩设计应重点考虑这些因素,通过优化色彩设计降低应急操作的复杂度。

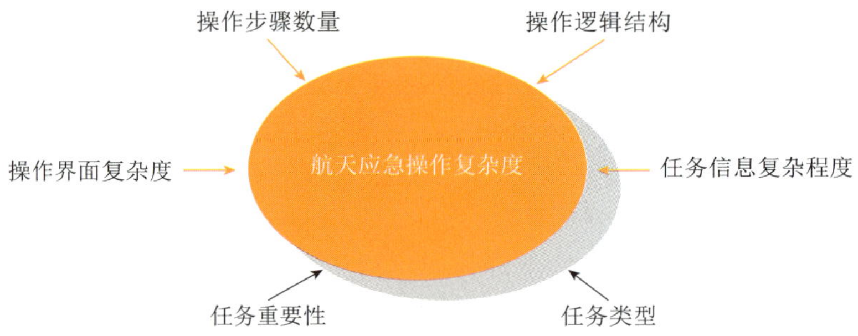

图 6-1　航天应急操作复杂度

6.1.2.2　近年的航天紧急事故

(1)国际空间站星辰舱室传出烟雾警报

根据俄罗斯联邦航天局(Russian Federal Space Agency,RKA)和美国国家航空航天局(NASA),北京时间 2021 年 9 月 9 日 9 时 55 分,国际空间站响起了火灾警报。出事情的地方在俄罗斯建造的星辰号服务舱,航天员发现舱内出现烟雾,并且闻到了塑料或者电子设备燃烧的气味。

(2)国际空间站漏气警报

国际空间站配备精密气压敏感器,气压稍有下降即触发警报,提示航天员安全检查。若破洞较大,气流外泄快,则舱内物品会飘向破口,便于定位;若国际空间站俄罗斯舱被人钻出 2 mm 小洞,泄漏缓慢,则难以发现,但航天员暂无迫在眉睫的危险。

(3)中国空间站紧急避险

第一次紧急避碰:星链-1095 卫星自 2020 年 4 月 19 日起稳定运行于 555 km 轨道。

2021 年 5 月 16 日至 6 月 24 日，该卫星持续降轨至 382 km 并保持运行。同年 7 月 1 日，该卫星与中国空间站距离接近，中国空间站当晚主动采取紧急避碰措施，规避碰撞风险。第二次紧急避碰：2021 年 10 月 21 日，星链-2305 卫星与中国空间站距离接近。因该卫星处于连续轨道机动状态，机动策略未知且轨道误差无法评估，存在碰撞风险。中国空间站当日再次实施紧急避碰措施，规避碰撞风险。

6.1.2.3 报警事件分类措施

当危险报告确定紧急、注意和警告系统的任何用途时，必须确定事件分类。国际空间站上常用的紧急（一级）、警告（二级）、注意（三级）和咨询（四级）事件分类就是为了这一目的。这些分类由 Surber[32] 记录，下面一一予以介绍。

紧急（一级）情况是最高级别警报，警示可能引发灾难性后果的危险，如人员死亡或飞行器失控，定义为“需立即应对的生命威胁，可能要求预定义响应并激活安全措施”。典型场景包括火灾、烟雾、大气中毒或气压骤降，程序上要求全体航天员立即行动。

警告（二级）事件需立即纠正，以避免任务重大影响或机组人员潜在损失，包括空间站及机组人员生存关键功能的故障、失效和超差情况。程序上，要求机组人员 5 min 内立即响应。

注意（三级）事件为“时间不紧急但可能恶化的情况”，包括对任务成功至关重要的功能故障、失效和超差情况。此类事件无须机组立即行动。

咨询（四级）事件主要用于地面监测，适用于通信覆盖和数据记录有限的情况。此类事件也用于可能不长期存在于遥测列表中的数据项，需标记时间并记录，用于故障隔离、趋势分析及工程研究。程序上，无须机组立即行动。[33]。

6.1.2.4 航天器应急情况模拟设备和方法

目前，空间微重力环境地面模拟主要通过以下手段实现：落塔法、抛物飞行法、水浮法、气浮法、悬吊法，以及在医学研究中应用的头低脚高位卧床法（人体）和尾部/后肢悬吊法（动物）。

头低位卧床实验模拟失重，诱发心血管紊乱、肌肉萎缩、骨质疏松等，广泛用于研究失重对人体生理功能的影响及其机理与防护措施，是最常用的模拟失重方法。

20 世纪 50 年代，苏联和美国开始进行头低位卧床实验（表 6-1），我国自 60 年代起也开展了相关研究。20 世纪末，苏联科学家利用 9 名志愿者进行了 4°头低位卧床 30 天实验，此后该方法成为模拟失重的主要手段，为长期失重生理效应研究积累了丰富数据。

表 6-1 各国头低位卧床实验统计

国别	时间	地点	卧床时间	措施
苏联	20 世纪 80 年代起	莫斯科	短期；30～60 d；90 d；120 d	锻炼防护（药物防护）
苏联	1987—1988 年	莫斯科	370 d	药物防护、锻炼防护 120 d 起对照组亦有对抗措施
俄罗斯	2013 年	莫斯科	120 d 5°头低位数小时、数天、数周；90 d（头低位 6°）	锻炼防护
美国	20 世纪 90 年代—2003 年	NASA	17 周（多次低位）	锻炼防护（药物防护）
美国	2004 年	NASA 飞行模拟计划（FAP）	＜90 d	进行防护措施评估、比较和优化

续表

国别	时间	地点	卧床时间	措施
欧洲	2001 年	法国	90 d	飞轮锻炼； 药物(二磷酸盐类)
欧洲	2001 年	德国	14 d	营养代谢研究
欧洲	2003 年	德国	56 d	振动锻炼
欧洲	2005 年	法国	60 d	抗阻锻炼、有氧锻炼、LBNP；营养支持

头低位卧床实验可模拟失重引起的生理变化，包括运动能力降低、体液头向分布、激素和代谢改变、姿势感觉部分丧失、骨骼肌肉系统去负荷、代谢需求减少及立位耐力下降等。卧床角度通常为−12°～0°，目前多采用−6°。大量研究证实，该实验是模拟失重生理效应的理想模型，既能预测长期空间飞行的不利影响，阐明失重生理机制，也能评估对抗措施效果，为人类重返重力场提供必要支持。

空间站系统复杂且环境特殊，运行中可能出现各种情况，部分可按预案处理，但许多情况可能未预料到。因此，对于复杂的预案外特殊情况，应在条件允许时进行针对性训练[34]。应对应急情况的模拟设备如图 6-2 所示。

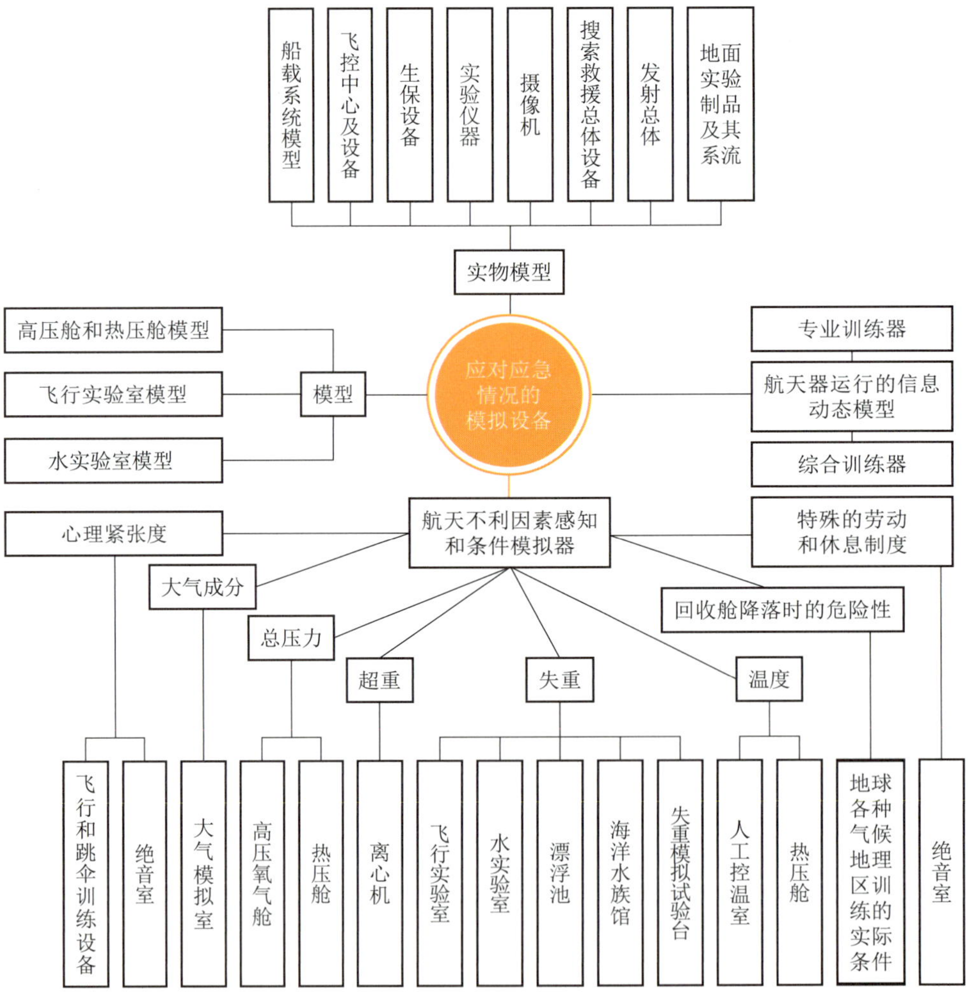

图 6-2　应对应急情况的模拟设备

国际空间站乘组定期进行应急能力维持性训练。2010 年 3 月 2 日进行联合应急反应训练，3 月 26 日进行座舱失压应急训练，10 月 20 日进行座舱失火应急训练，12 月 30 日进行紧急撤离训练。2011 年 3 月，第 27 乘组在轨进行紧急撤离程序训练，为货运飞船对接做准备。训练规律如下：每个乘组在进驻中期进行一次应急训练（包括座舱失火、紧急撤离、联合应急反应等）；飞船对接前进行一次紧急撤离程序训练；训练通常全员参加，每次约 1 h。国际空间站联合应急反应训练项目及内容见表 6-2。

表 6-2　国际空间站联合应急反应训练项目及内容

序号	训练项目	主要训练内容
1	飞行手册复习	复习空间站各分系统及空间科学实验有效载荷系统组成及工作原理和飞行程序等理论知识
2	机械臂操作训练	利用空间站机械臂进行外有效载荷的部署与回收训练
3	出舱活动操作训练	对舱外服和气闸舱设备进行操作训练
4	交会对接操作训练	实施货运飞船、空间实验室等航天器与核心舱的交会对接训练，包括正常对接、绕飞、对接口转移、故障处置等
5	空间科学实验训练	空间科学实验设备及有效载荷的操作训练
6	应急救生训练	空间站紧急撤离程序演练等
7	医疗技能训练	医疗设备操作训练等
8	空间站维修	
9	排除故障	根据实际情况确定具体内容
10	新增任务	

资料来源：任开明，赵静，田立平，等. 我国空间站航天员在轨训练初探[J]. 载人航天，2011，17(5)：14-18.

6.1.3　色彩设计目的与定位

6.1.3.1　航天器界面色彩设计原则

(1)色彩含义清晰

色彩设计应传递特定且有意义的信息，冗余色彩会增加视觉和心理认知负荷，降低认知绩效。研究表明，恰当的色彩编码能提升界面认知效率并减少认知载荷[23]。然而，许多设计忽视了这一原则。如图 6-3 所示，左侧柱状图因横坐标已明确含义，多种色彩显得冗余，引发用户困惑；右侧柱状图通过简洁色彩设计高效传递信息，显著提升认知绩效。

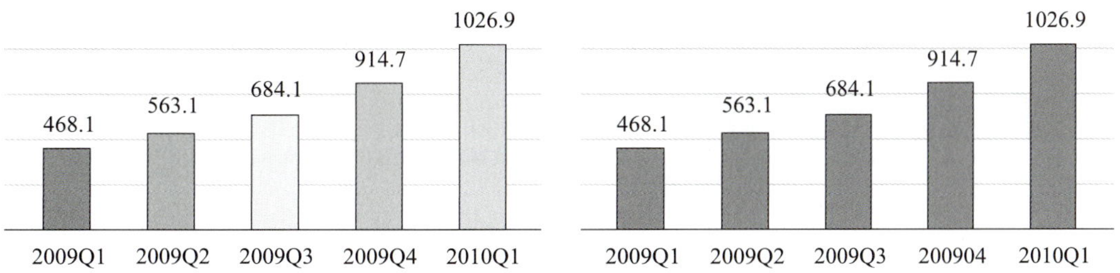

图 6-3　颜色信息的传递

(2)色彩应与心理感受一致(易理解性)

色彩设计需符合人类心理感受与认知习惯,并赋予明确含义。例如,红色象征危险与紧急,蓝色代表安全与友好,这对提升界面认知绩效至关重要。心理学家 Stroop 的实验验证了这一点:图 6-4 中左图用红墨水写“蓝”字,蓝墨水写“红”字,右图则用红墨水写“红”字,蓝墨水写“蓝”字。结果显示,左图识别时间显著长于右图,因颜色与语义信息冲突,违背了人类心理认知规律[23]。

红	蓝	红	蓝

图 6-4　颜色心理感受

(3)合适的数量

色彩数量通常不应超过 7 种,过多色彩会增加认知难度和负荷。研究表明,增加一种颜色可减少搜索时间,但超过 7 种后搜索功能明显下降,这与短期记忆能力相关。过多色彩迫使大脑额外记忆颜色含义,降低处理速度。因此,合理的色彩数量能提高监测与识别准确率,优化任务态势感知,并提升界面认知绩效。

(4)适当的背景色与信息色

为保持信息清晰性,背景色应选择单一、柔和的颜色,避免使用渐变等复杂背景。研究表明,单一且非刺激性的背景色能增强目标对象的清晰度和辨识度,减少误读或降低辨识困难。渐变色背景会降低辨识效率,增加认知负荷。因此,背景或大面积色块应使用低饱和度、低明度的颜色,而信息元素或小面积色块则适合采用高饱和度、高明度的颜色。醒目的颜色易引起视觉疲劳,不适合大面积使用;高明度和高纯度的颜色适用于小面积,能有效吸引注意力。实验证实,深色背景下的显示系统有助于操作者在长时间、高强度工作中保持更高的准确率和更快的反应速度。

(5)不同的色调,不同的饱和度

类似的饱和度应尽可能拉开色调差距,而保持饱和度相近。该优化策略有两个原因:①使界面整体视觉感受更协调;②饱和度隐含信息重要性,高饱和度内容通常被认为更重要,错误运用不同饱和度会增加操作者不必要的认知负荷。例如,地铁路线图中所有色彩饱和度相同,表明每条线路重要性一致,无主次之分。

6.1.3.2　航天器警示色彩设计目的

航天器警示色彩设计目的如图 6-5 所示。

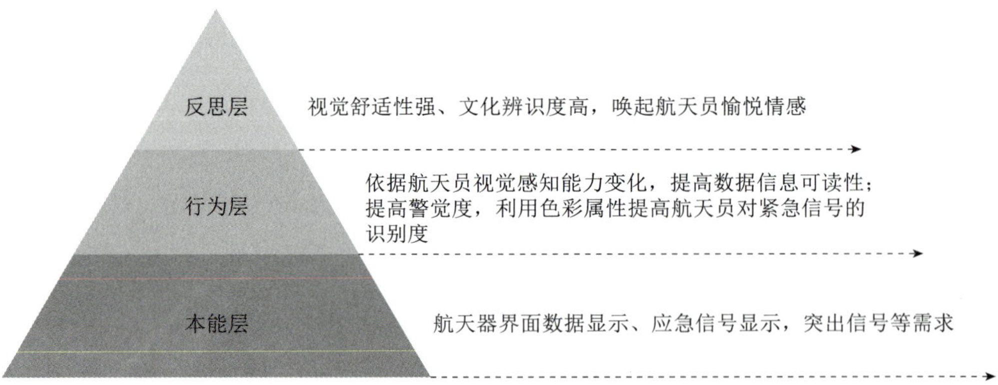

图 6-5　航天器警示色彩设计目的

(1)本能层

警示色设计要满足航天器界面数据显示、应急信号显示,突出信号等需求,利用警示色彩带给人的危险防范意识来有效提高航天员对航天应急事件的处理能力与效率,进而更好地保障航天器的安全运行与航天员的生命安全。

(2)行为层

警示色彩设计需依据航天特因环境下航天员视觉感知能力变化，运用色彩原理合理设计显示信息，提高数据可读性，帮助航天员更好理解警示信息，减少任务出错率。同时利用色彩属性提升警觉度，增强航天员对紧急信号的危机感，以应对应急情况。

(3)反思层

警示色彩的设计要与航天操作界面的设计语言和设计规范保持一致，视觉风格上要与背景画面相协调，提高航天界面的整体性与视觉舒适性。

6.1.3.3　航天器警示色彩设计定位

(1)航天器警示色彩界面设计色彩定位原则

①准确性原则：数据显示与图形表达需准确，确保航天员准确接收信息，提升操作绩效。

②适应性原则：界面色彩需适应航天员特因环境下的视觉感知需求。

③长期性与一致性原则：界面设计使用寿命超 10 年，需考虑长期性与后续系统一致性。

④独特性原则：作为全球第二个拥有空间站的国家，界面设计需体现大国形象与中国文化特色。

(2)航天器警示界面色彩设计定位

通过对其他相关界面设计趋势和界面色彩趋势调研，得出以下 4 点航天器警示界面的色彩设计定位：未来与科幻(Future and Fictional)、专业(Specialized)、准确(Accuracy)、文化(Cultural)，如图 6-6 所示。

图 6-6　航天器警示界面色彩设计定位

未来与科幻(Future and Fictional)，这是借鉴科幻影视 FUI(flat user interface)设计语言，常见于科幻作品。尽管其风格超前且多采用虚拟与夸张手法，与现实生活有一定距离，但其在数据可视化和视觉动效方面的设计方向具有很高的参考价值。

专业(Specialized)，航天工作场景高度专业化，色彩运用受限，除必要的功能指示性色彩外，应尽量减少多种颜色的使用，避免界面信息层级不突出、缺乏秩序感和统一性，从而更好地体现航天工作环境的专业性。

准确(Accuracy)，即警示信号的色彩必须严格参照航天警示用色标准，色彩需要与传达的信息警示级别一致，传递准确的应急信号。

文化(Cultural)，航天科技代表国家的科技水平、综合国力与国际地位，各国应结合本国或区域人群的色彩偏好与文化，传达独特的文化理念与思想，彰显国家特色与差异。

6.1.3.4　航天器显示界面颜色使用标准

(1)显示色彩适航要求

色彩虽能吸引注意力，但过度使用会导致视觉干扰和阅读效率下降。合理运用色彩有助于航天员识别信息并集中注意力。建议显示系统避免过多色彩表达航天信息，以免干扰信息组织与获取[35]。应采用保守色彩方案，在较小区域内色彩编码不超过 7 种，包括白色、红色、绿色、蓝色、黄色（琥珀色）、青色和洋红色。

（2）引起注意和告警

色彩易于理解，但设计者需区分相对辨识（颜色可区分）与绝对辨识（颜色名称一致）。相对辨识颜色多，绝对辨识仅 8～12 种。色彩在特定条件下是告警和提高注意力的有效手段，但易受背景或相似颜色干扰。例如，黄色与琥珀色在多功能显示器上难以区分，尤其受外界环境和视角影响。连续或同时使用相似颜色（色度空间相邻）会降低注意力并引发混淆，外界光照会降低液晶显示器颜色饱和度，使色差不明显。因此，显示器颜色种类不得超过 7 种。

（3）适用环境的局限性

复杂信息系统操作常处于特殊环境，如密闭空间或长时间作业，易引发用户疲劳。图标设计在实际应用中受限于光照、显示媒介、人体因素等的影响，需结合实际任务环境调整，关注用户心理感受，减轻其疲劳感。例如，在强光或暗环境下作业时，需选择适宜的图标线条与色彩，考虑用户的视觉承受能力。

6.1.3.5 色彩设计功能分析

（1）警报颜色等级

警报颜色等级按照突发事件发生的紧急程度、发展势态和可能造成的危害程度分为一级、二级、三级、四级，如图 6-7 所示。预警颜色一般都有蓝、黄、橙、红 4 种颜色等级，严重程度依次加重，分别表示一般、较重、严重、特别严重，蓝色为最低级别预警，红色为最高级别预警。

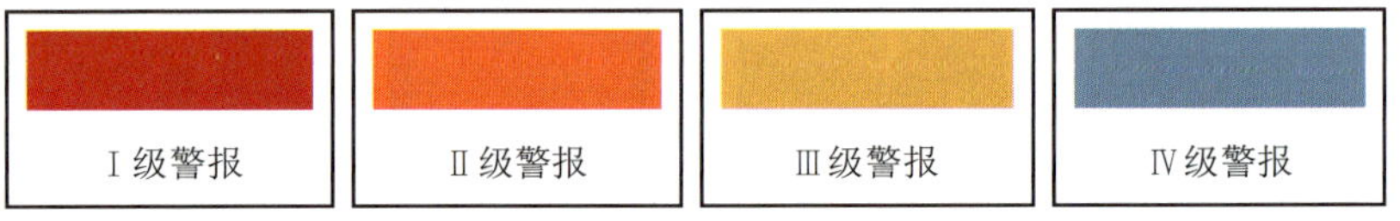

图 6-7　警报颜色等级

（2）空间环境预报色彩功能

复杂信息系统常使用标准化的颜色等级对事件强度、危害程度或预警级别进行直观呈现，帮助用户快速做出判断与决策。在使用色彩编码区分信息时，需考虑到在特定领域，某些色彩具有固定语义。设计时应避免误导用户，如航程轨迹图中，黑色表示历史轨迹，红色表示预设航程。若表示故障路线，应避免使用红色，改用橙色或其他标识方法，确保信息传达准确[36]。

6.2　阶段二：警示色彩测试与评估

6.2.1　色彩选取

6.2.1.1 警示色彩与航天安全

颜色视觉是人类对不同波长色光的感知能力[37]，是视觉的基本功能。颜色感知取决于色相、明度和饱和度[38]。在航天环境中，颜色视觉对安全标志、紧急信号及安全线设计至关重要,因其在微重力和密闭空间下通过颜色传达任务信息。研究表明,颜色影响警告显著性、记忆效果、遵从行为及危险感知,进而影响用户对颜色刺激的反应[39],框架图如图 6-8 所示。例如,NASA 对比了航天器标签的彩色与非彩色版本,发现彩色标签更吸引注意力;高度饱和的橙色字体比黑色字体让人记忆更持久;在应急依从性方面,消色差标识比彩色标识更具吸引力。

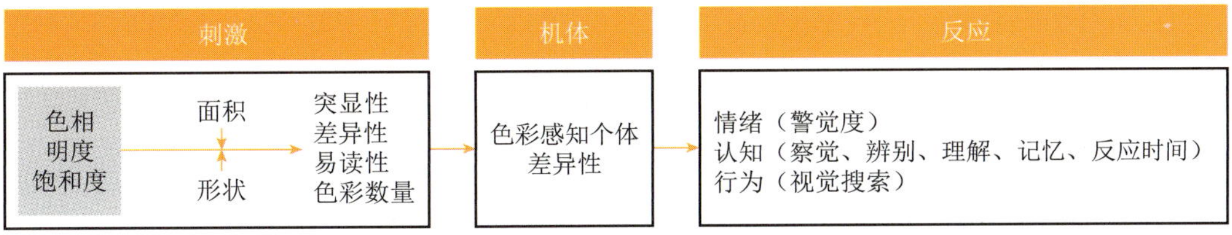

图 6-8　颜色刺激-用户反应框架

图片来源:杨欢,李义娜,张康.可视化设计中的色彩应用[J].计算机辅助设计与图形学学报,2015,27(9):1587-1596.

陈善广等[9]提到,在长期空间飞行中,人的视觉感知存在局限性,包括敏感性、反应时间及响应速度等。人对刺激信息的响应有延迟,如声音刺激延迟 100 ms,视觉刺激延迟 120 ms,选择反应延迟 1 s。航天器信息显示界面色彩设计需考虑太空环境中视觉感知能力变化,研究地面安全色在微重力环境中是否遵循相同规律,以及色彩属性变化是否影响反应绩效。

在以往的研究中,红色一直被评为感知危险程度最高的颜色[40]。

红色作为警示色或安全色,研究表明其能显著激发个体的风险回避行为[41]。然而,现有研究多集中于理论或色彩心理学,缺乏从实践角度探讨颜色属性(色相、明度、饱和度)与人类应激反应的具体关联。火灾是航空航天环境中最危险且紧急的事件之一,要求快速警报显示和机组响应,对报警信息及色彩设计提出极高要求。本小节从航天用色安全角度出发,以红色警示色为研究对象,通过实验分析不同色相、明度、饱和度的警示色对信息辨认的影响,以反应时间和正确率为绩效指标[42],为航天紧急报警界面色彩设计提供优化建议。

6.2.1.2　红色警示色色彩样本拓展与遴选

本研究采用 HSB 色彩模式(图 6-9),通过 H(色相,0°～360°)、S(饱和度,0%～100%)和 B(明度,0%～100%)控制颜色。HSB 模式以人眼为媒介,用更贴近人类感官直觉的方式描述色彩,将色彩分为色相、明度、饱和度三要素,将“深浅”概念扩展为饱和度与明度,更符合人眼对颜色的直观感受。

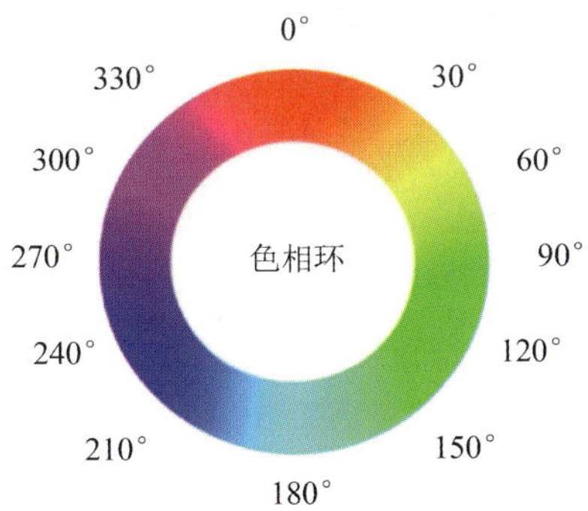

图 6-9　圆形色相环

本研究以 H 值为 0°的正红色为主研究色相,并选取 H 值为 20°的橙红色(偏暖)和 H 值为 340°的紫红色(偏冷)为测试色相。为探讨明度和饱和度变化对信息识别绩效的影响,对 3 种色相的明度(100%、80%、60%)和饱和度(100%、70%、40%)进行调整,排除过暗或过淡的色彩,最终选取 27 个警示色样本(图 6-10)。

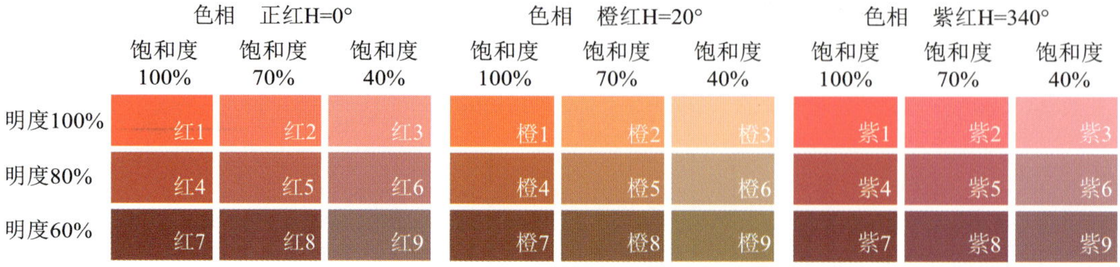

图 6-10 27 个红色警示色测试色彩样本

6.2.2 火警报警测试程序开发

本实验为色彩按键反应实验,程序由 E-prime 编写,背景为我国自主研发的核心舱操作系统界面,报警弹窗参考航天影视资料。选取 27 个红色警示色样本(3 色相×3 明度×3 饱和度)作为测试对象,并加入绿色样本作为干扰。受试者需辨认报警弹窗颜色并按键反应。为避免节奏感,红色与绿色弹窗在 500～1000 ms 随机出现,以排除刺激概率对反应时间和正确率的影响。

实验测试程序分为实验指导语、练习阶段和正式测试 3 部分。实验指导语用于指导受试者操作细则与流程,确保理解基础操作;练习阶段让受试者熟悉色彩对应按键操作,避免错误按键,程序会反馈按键正误并记录反应时间,但不用于统计分析;正式测试中不告知结果,一种颜色测试后立即弹出下一个色彩弹窗,直至完成所有样本测试。实验界面如图6-11 所示。

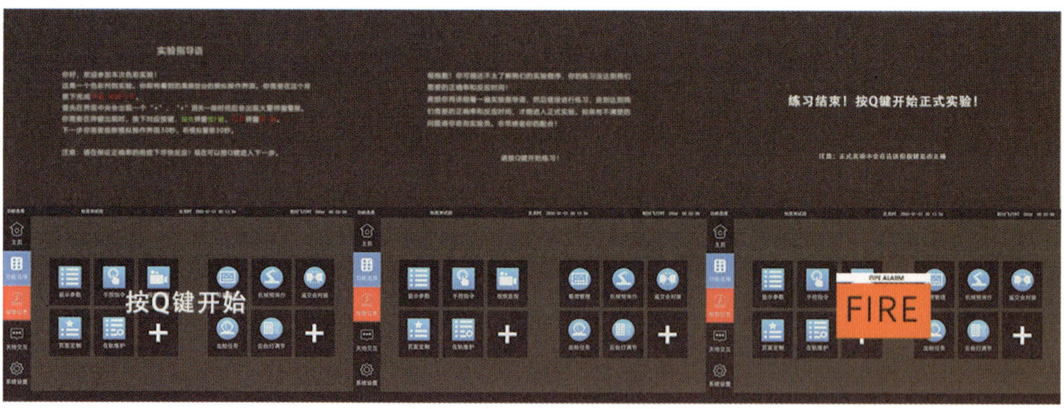

图 6-11 实验测试程序界面

在正式测试程序中,研究员需为每位受试者编号并登记。受试者阅读实验指导语后按 Q 键进入练习阶段,练习通过后按 Q 键进入正式测试。测试界面显示 30 s 后播放报警音频,随后出现"+"号注视点。注视点出现后间隔 500～1000 ms 随机弹出火警报警弹窗,受试者需判断颜色并进行按键反应,完成后再次出现注视点,间隔 500～1000 ms 弹出下一个弹窗,直至完成所有样本测试。测试流程如图 6-12 所示。

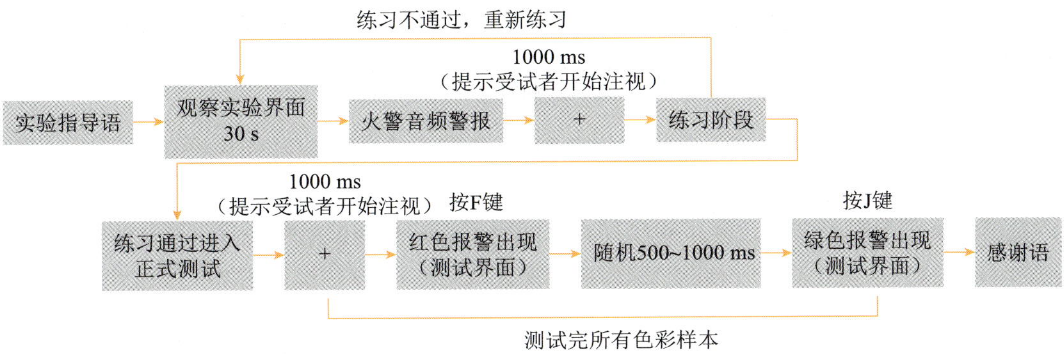

图 6-12　测试程序设计流程图

6.2.3　实验流程与方法

本实验采用三因素受试者，自变量为火警报警弹窗的色相、明度、饱和度，因变量为反应时间和正确率。受试者需识别弹窗颜色，红色按 F 键，绿色按 J 键。程序自动记录反应时间和正确率，正确按键记为 1，错误记为 0。

航天员在微重力环境下体液重新分配，血液向头胸部转移[43]，导致脑部充血，长期飞行影响视功能、手眼协调及认知能力[44]。头低位卧床实验（HDBR）是模拟微重力生理效应的主要手段[45]，广泛应用于航天研究[43-51]。国内外研究采用 HDBR 探索微重力适应规律，如 NASA 考察 8 名男性认知表现[46]，中国航天员科研训练中心通过 30 min −15° HDBR 研究眼内压及视觉能力[49]。本研究采用 15 min HDBR 引发失重生理反应，并加入报警音频模拟航天紧急情况，音频素材取自网络。

正式实验流程分为 4 个阶段：第一个阶段是石原色觉测试阶段；第二个阶段是头低位卧床模拟阶段，受试者保持头低位姿态静卧 15 min；第三个阶段是实验测试程序练习阶段；第四个阶段是正式实验测试阶段，实验总流程示意如图 6-13 所示。

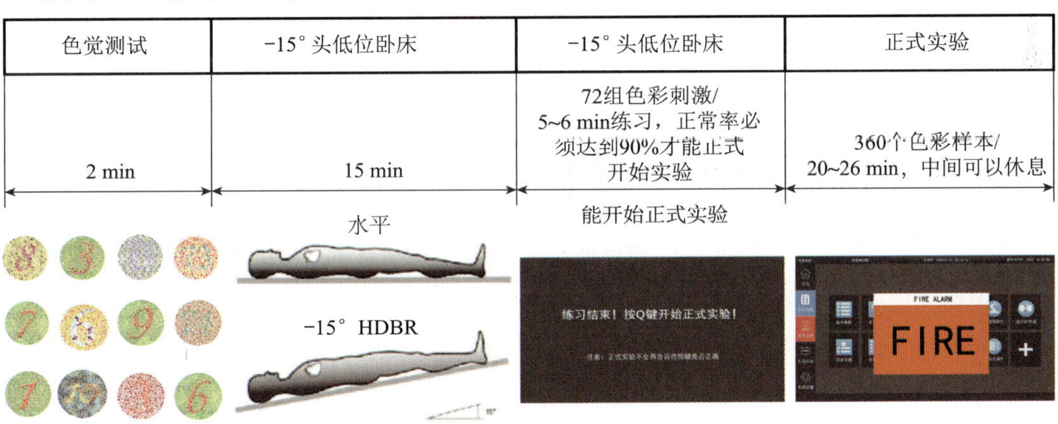

图 6-13　实验总流程示意

6.2.4　志愿者

正式实验招募了 80 名高校在校大学生及研究生，男女比例为 1∶1（男 40 名，女 40 名），年龄范围 18～26 岁，平均年龄（21.14±2.38）岁。实验前，所有志愿者通过石原色在线色盲测试，正确率 100%，无色盲，视力或矫正视力正常。健康状况筛查显示无心脑血管疾病及精神病史。志愿者未接触过实验材料，实验前详细说明程序并签署知情同意书。

6.2.5 数据采集与预处理

按照上述方法完成实验，对 80 位受试者 27 个色彩样本的反应时间进行统计分析。实验通过 E-prime data 采集有效数据，主要指标为色彩反应时间和正确率，数据在 SPSS 17.0 中进行重复测量方差分析和多重比较。由于反应时间数据包含正确反应时间、按键错误时间和未反应时间，需筛选错误反应数据(按键错误为 0，按键正确为 1)，仅保留正确反应时间用于统计分析。

6.2.6 头低位与非头低位对照实验

为探讨短时头低位卧床(HDBR)是否有效模拟失重生理效应，本研究在正式实验前进行预实验。志愿者分为两组：头低位组(15 min HDBR 后测试)和非头低位组(直接测试)。

预实验数据统计显示，头低位组志愿者的反应时间普遍高于非头低位组。为进一步检验两组反应时间的显著性差异，采用 SPSS 进行独立样本 t 检验。结果显示，头低位组与非头低位组的反应时间在 0.001 显著性水平下存在差异(表 6-3)，与以往研究结论一致，即微重力环境下视功能受损，反应能力延迟。这验证了本实验头低位卧床模拟设置的必要性和有效性。

表 6-3 头低位与非头低位组反应时间独立样本 t 检验

组别	反应时间均值	t 值	显著性
头低位组	352.6356	−11.364	<0.001***
未头低位组	389.9270		

注：* 表示显著性水平 0.05 下呈现差异，** 表示显著性水平 0.01 下呈现差异，*** 表示显著性水平 0.001 下呈现差异。下同。

6.2.7 实验结果

6.2.7.1 反应时间分析结果

对 80 位受试者的反应时间进行重复测量方差分析，重点考察色相、明度、饱和度对反应时间的影响及三因素交互作用。结果显示，在正确反应条件下，色相、明度、饱和度单一自变量均对反应时间有显著性影响；色相×明度、色相×饱和度、明度×饱和度双因素交互作用无显著性差异；色相×明度×饱和度三因素交互作用对反应时间无显著性影响。详细结果见表 6-4。

表 6-4 受试者反应时间方差分析结果

效应源	自由度	均方	F	显著性
色相	1.901	12471.106	15.593	<0.001***
明度	1.954	2817.121	3.469	0.035*
饱和度	2.0	0.375	23.413	<0.001***
色相×明度	3.750	1093.912	1.911	0.113
色相×饱和度	3.795	1437.714	2.053	0.091
明度×饱和度	3.678	262.321	0.382	0.806
色相×明度×饱和度	8.0	0.124	1.276	0.270

根据方差分析结果，27 个警示色样本的色相、明度、饱和度变化对受试者反应时间均有显著性差异，表明反应时间与这 3 个属性密切相关。为揭示具体影响规律，需对各属性间数

据进行多重比较分析，进一步探讨警示色色相、明度、饱和度对反应时间的内在作用机制。

6.2.7.2　色相-反应时间多重比较结果

色相的多重比较结果见表 6-5。根据 3 个色相的多重比较结果，本实验色彩样本中色相主效应显著：色相 H＝0°与 H＝20°有显著性差异，差异性小于 0.001；色相 H＝0°与 H＝340°之间差异性不显著；色相 H＝20°与 H＝340°之间也有显著性差异，P 值为 0.004。

表 6-5　色相的多重比较结果

(I)色相	(J)色相	显著性
H＝0°	H＝20°	＜0.001***
	H＝340°	0.087
H＝20°	H＝0°	＜0.001***
	H＝340°	0.004**
H＝340	H＝0°	0.087
	H＝20°	0.004**

根据色相分析结果(图 6-14)，警示色色相中 H＝0°(正红)。反应时间最短，视觉感知效率最高，与色彩危险感应经验一致；H＝340°(偏紫/冷)次之；H＝20°(偏橙/暖)视觉感知效率最低。因此，建议警示色采用 H＝0°(正红)，以最大化视觉感知效率。

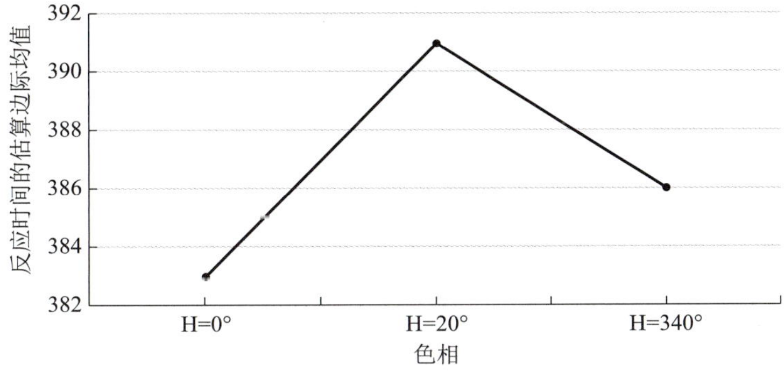

图 6-14　色相-反应时间的估算边际均值

6.2.7.3　明度-反应时间多重比较结果

明度的多重比较结果见表 6-6。结果显示，明度主效应显著：80％与 100％差异显著(P＝0.025)，60％与 80％、60％与 100％差异不显著。

表 6-6　明度的多重比较结果

(I)明度	(J)明度	显著性
B＝60％	B＝80％	0.505
	B＝100％	0.097
B＝80％	B＝60％	0.505
	B＝100％	0.025*
B＝100％	B＝60％	0.097
	B＝80％	0.025*

在实验色彩样本中,明度对反应时间的影响呈现特殊规律(图 6-15):明度 80%,反应时,最短,60%次之,100%最长。明度-反应时间的估算边际均值显示,明度从 80%增至 100%时反应时间反而增加,且两者差异显著。推测红色作为警示色时,明度并非越高越好,60%~100%间可能存在最佳取值,本实验中明度 80%左右,视觉感知效率最高。

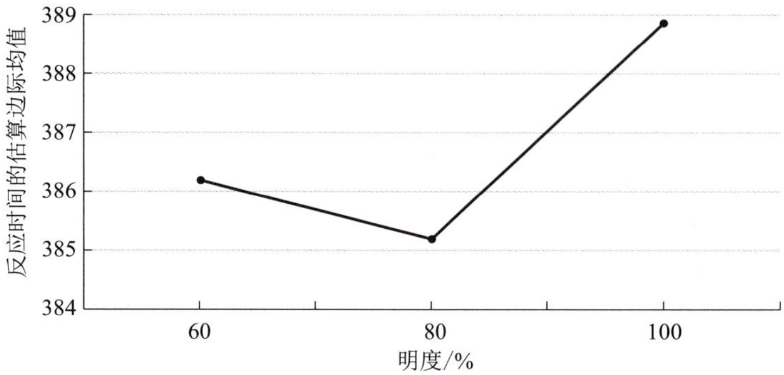

图 6-15　明度-反应时间的估算边际均值

6.2.7.4　饱和度-反应时间多重比较结果

饱和度的多重比较结果见表 6-7。结果显示,饱和度主效应显著:40%与 70%差异显著($P=0.001$),40%与 100%差异显著($P<0.001$),70%与 100%差异显著($P=0.015$)。

表 6-7　饱和度的多重比较结果

(I)饱和度	(J)饱和度	显著性
S=40%	S=70%	0.001**
	S=100%	<0.001***
S=70%	S=40%	0.001**
	S=100%	0.015*
S=100%	S=40%	<0.001***
	S=70%	0.015*

饱和度-反应时间的估算边际均值结果如图 6-16 所示,饱和度从 40%升至 100%时,反应时间平均值逐渐下降,且 3 个饱和度间差异显著。实验表明,饱和度越高,反应时间越短,色彩感知绩效越高。

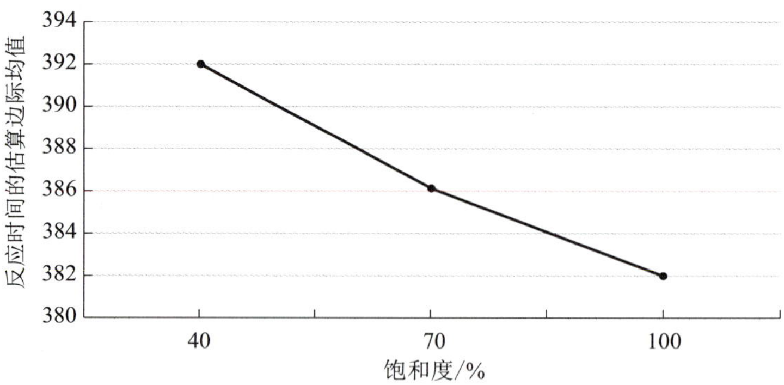

图 6-16　饱和度-反应时间的估算边际均值

6.2.7.5　正确率分析结果

本实验对 27 个色彩样本的反应正确率进行了分析，结果如图 6-17 所示。对 80 位受试者正确率的重复测量方差分析显示，色相、明度、饱和度单一自变量及三者交互作用对正确率均无显著影响，表明受试者对报警色彩信号的辨认正确率普遍较高，头低位卧床模拟对色彩辨认影响不大。

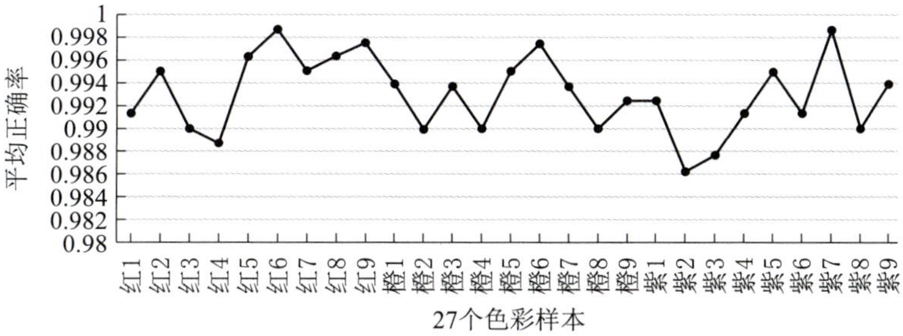

图 6-17　受试者对 27 个色彩样本的平均正确率

6.2.8　讨论与分析

6.2.8.1　反应时间

在短时头低位卧床条件下，受试者的应急反应时间受到颜色信号的色相、明度、饱和度 3 个因素的影响。从色相的分析结果来看，在警示色色相的取值上：色相 H＝0°为反应时间最短，也就是视觉反应绩效最高的色相，这与以往人们对色彩感应危险程度的经验一致[40]。其次是 H＝340°（偏冷）的色相，视觉反应绩效最低的是色相 H＝20°（偏暖）。因此，在警示色色相应用方面建议使用 H＝0°也就是正红的色相，最能提高人的视觉反应绩效。

警示色明度与反应绩效呈非线性关联：当红色明度增至 80％时反应时间最短（优于 60％与 100％），边际均值曲线显示反应时间随明度提升呈先降后升趋势，表明红色警示色明度最优值约 80％而非最高值。

饱和度对反应时间的影响则十分清晰，3 个饱和度之间的比较结果都存在显著性差异且反应时间随着饱和度值的升高而减少，因此可以推论饱和度越高，人的反应绩效越好。

综上所述，航天界面警示色设计须综合考量色相、明度、饱和度三要素，通过模拟微重力人因工效测试验证色彩方案，探究色彩属性与反应绩效关联性，从而确定最优警示色值。

6.2.8.2　正确率

根据统计分析，色相、明度、饱和度单因素及交互作用对正确率影响均不显著。受试者通过率超 99％的石原色色盲测试表明其色觉正常；练习阶段需达 90％以上正确率确保操作熟练，反映正式测试时注意力集中且配合度高。结合航天员选拔中对色觉的严苛标准，可推论其在微重力或应急环境下色彩辨认基本无误。

6.2.8.3　结论

本研究采用短时头低位卧床模拟航天员微重力生理效应，通过色彩按键反应测试警示色属性（色相、明度、饱和度）在应急工况下的反应时间与正确率差异，经多重比较分析得出以下结论：

①警示色的色相、明度、饱和度属性对人的反应时间均有显著性影响，但是在正确率方

面没有显著性影响。

②在色相方面，色相 H=0°时，人的反应时间最短，即人对色相值为 0°的警示色的视觉反应绩效最高，警示作用最好。

③在明度方面，明度值为 80%时人的反应时间最短，视觉反应绩效最高，警示效果最好。

④在饱和度方面得出的规律是：饱和度越高，人的反应时间越短，色彩反应绩效越高，警示作用越好。

最后，具体到实验色彩样本的色值来看，本实验色彩样本 Red4(H=0°，B=80%，S=100%)的视觉反应绩效最高，警示作用最突出。

6.3 阶段三：色彩方案设计

6.3.1 天宫空间站操作界面设计特征分析

中国天宫空间站采用全中文操作界面，依托自主研发的麒麟操作系统，使指令识别效率提升 30%以上，尤其在交会对接等复杂操作中，显著增强安全性，如图 6-18 所示。

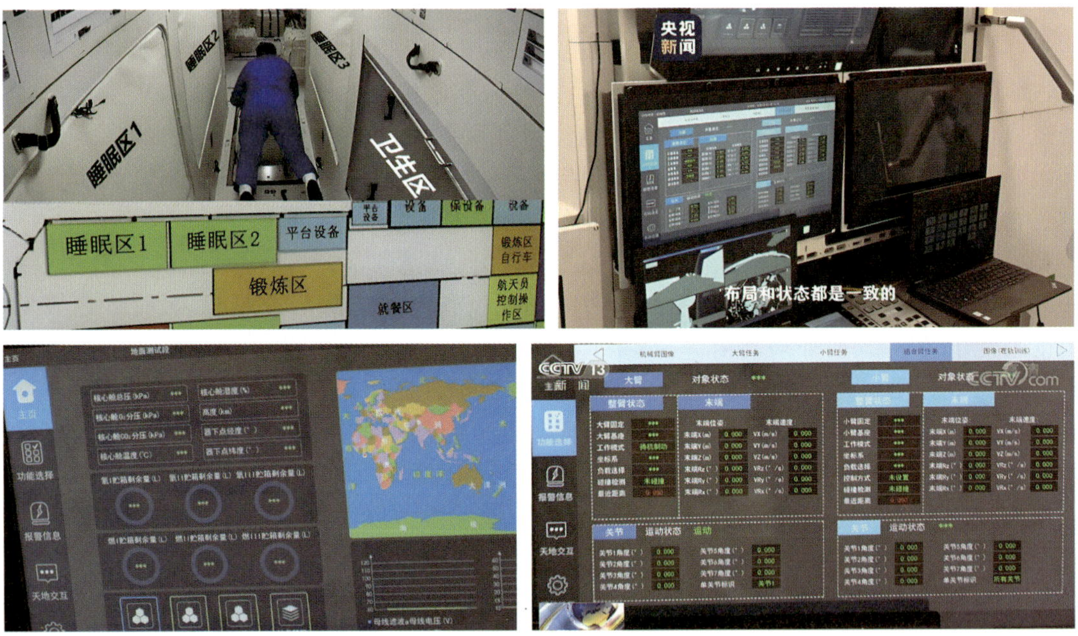

图 6-18　天宫空间站操作界面

图片来源：火星科普. 中国空间站内部曝光！全中文界面，欧洲宇航员正苦学汉语[EB/OL]. (2021-06-20)[2025-03-01]. https://baijiahao.baidu.com/s?id=1703027596872482073&wfr=spider&for=pc.

环球网科技. 中国空间站操作界面首曝：全都是中文[EB/OL]. (2021-06-20)[2025-03-01]. https://baijiahao.baidu.com/s?id=1703017249634077398&wfr=spider&for=pc.

6.3.1.1 界面布局

我国空间站操作界面以功能导向为核心，采用自左向右布局，左侧深灰色导航栏面积大，交互按键宽敞，降低误操作风险；图形设计清晰直观，便于航天员在轨操作；字体分级明确、字号醒目，适应微重力环境下视觉感知降低的特点，如图 6-19 所示。

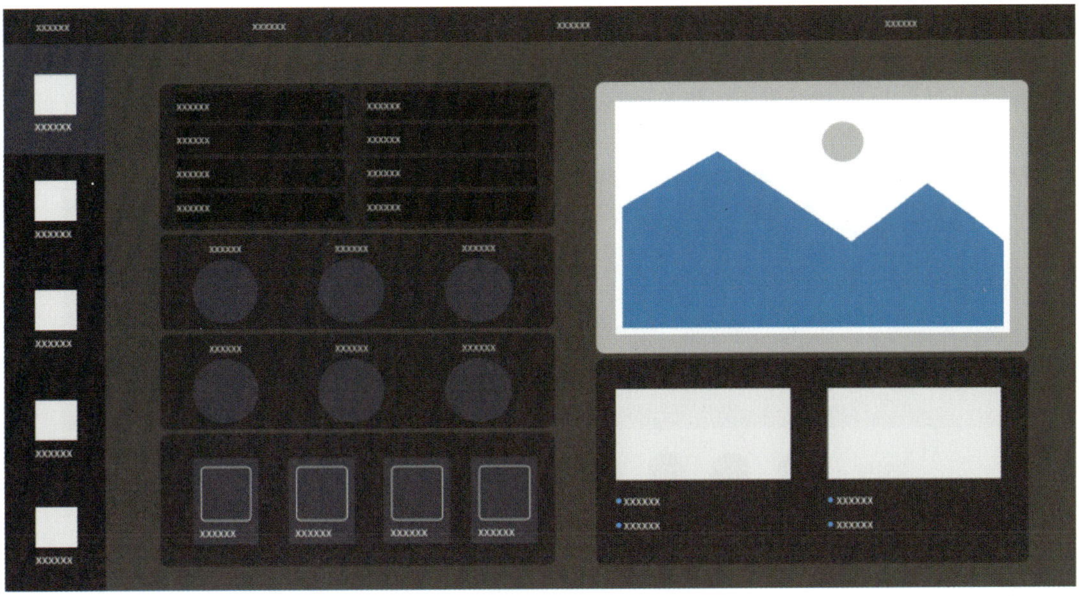

图 6-19　天宫空间站操作界面布局

6.3.1.2　信息元素

核心舱操作界面主界面包含航天员了解舱段状态的基本信息元素，报警界面虽需要新交互方式，但其信息元素设计风格应与主界面保持一致，以便分析功能、类别、通道方式和动态属性，为报警交互系统设计提供参考依据，如图 6-20 所示。

元素	元素内容截图	元素功能详情	元素类别	通道方式	动态属性
飞船-地面相对位置图		显示飞船与地面相对位置	动态图示	视觉	动态位置变化
电压表格		显示电压变化	数据	视觉	动态数值变化
主页		首页子菜单	图标	视觉+触觉	静态
功能选择	功能选择	首页子菜单	图标	视觉+触觉	静态
报警信息	报警信息	首页子菜单	图标	视觉+触觉	静态
天地交互	天地交互	首页子菜单	图标	视觉+触觉	静态
系统设置	设置	首页子菜单	图标	视觉+触觉	静态
时间显示	北京时 2000-01-01 02:11:14	显示地面时间	文本	视觉	动态数值变化
飞行统计	相对飞行时 0000天	显示飞行员相对飞行时间	文本	视觉	动态数值变化
含氧量	氧1贮箱剩余量(L) 150.06	显示氧气剩余量	图形+文本	视觉	动态数值变化

图 6-20　天宫空间站操作界面信息元素提取

6.3.1.3 色彩设计分析

(1)背景色

天和核心舱操作系统界面以深灰色为主色调,包含 4 种背景色:最下层的灰色带有暖色调,视觉通透性较强;导航栏的深灰色与底部背景色形成色差,增强视觉层次感;信息类别分区的深色背景进一步优化布局,使界面逻辑合理;信息展示框中的暗色区域饱和度较低,既保持色调统一,又区分功能属性。天宫空间站操作界面背景色提取如图 6-21 所示。

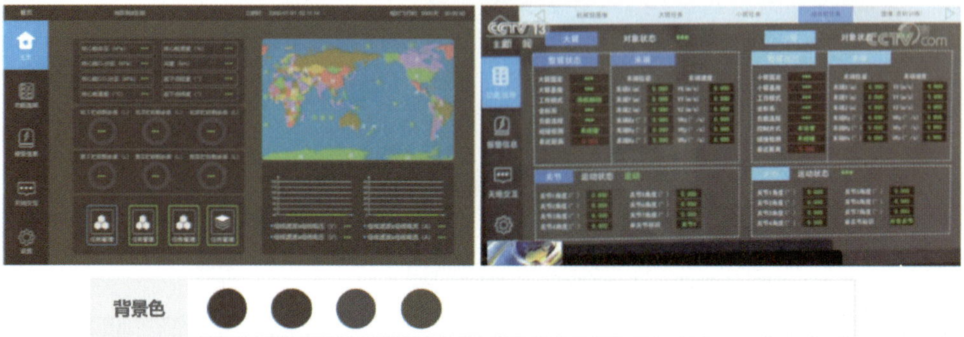

图 6-21 天宫空间站操作界面背景色提取

图片来源:北京空间飞行器总体设计部.带载人航天器运行监控图形用户界面的显示屏幕面板[P].中国专利:CN202230112273,2022-03-07.

(2)前景色

天和核心舱界面采用蓝色主色调,导航栏使用高饱和天蓝色,其他信息通过明度、饱和度差异区分类型。文字选用白色强化暗背景对比,数据显示采用绿色(可读性)与红色(警示性)增强信息识别度。天宫空间站操作界面前景色提取如图 6-22 所示。

图 6-22 天宫空间站操作界面前景色提取

6.3.2 其他航天操作界面色彩设计分析

界面色彩设计直接影响用户心理及操作效率[50],合理配色可提升信息辨识度、缓解视觉疲劳。背景色主导界面基调,需与图标、文字形成协调对比,确保高效信息传达与操作体验。

本设计研究主要选取了航天其他类似舱室的操作界面(图 6-23),搜集了空间站、飞机、航天飞机、SpaceX 驾驶舱的人机操作界面图片,作为警示交互界面弹窗设计的参考,利用 Photoshop 和 Illustrate 软件提取操作界面中的背景色与前景色,目的是设计出符合航天操作背景下的报警交互界面设计。

图 6-23　其他航天操作界面

图片来源：LiYunLong. 舰船控制页面详解图[EB/OL]. (2020-11-18)[2025-03-05]. https://docs.qq.com/doc/DRkNIQ2h6S0thZGxX.

《航天指挥官》. Space Shuttle Commander[EB/OL]. (2023-04-09)[2025-03-05]. https://vr.lxybaike.com/25406.html.

6.3.2.1　背景色分析

研究发现，不同的背景色会影响到操作功能的反应速度和准确性。

在人机界面设计中，背景色占比大，是界面色彩设计的核心，奠定了主色调，并显著影响操作者的情绪和情感。其他航天操作界面背景色提取如图 6-24 所示。

图 6-24　其他航天操作界面背景色提取

6.3.2.2　前景色分析(信息色分析)

前景色是操作界面中用于显示关键信息的重要色彩，与信息内容密切相关。其能够使信息呈现更加生动、直观。前景色在界面上应引人注目，同时需保证画面整体均衡、稳定，色彩清晰、明快且搭配合理，以实现形式与内容的统一。其他航天操作界面前景色提取如图 6-25 所示。

图 6-25　其他航天操作界面前景色提取

从上述航天其他类似舱室的操作界面中，这些人机界面大致色彩设计特征多为浅色，色相较多，且前景色彩的饱和度较高，明度较大。

6.3.3　人机界面设计相关原则、体系、规范

在进行系统人机界面设计时，运用平面设计理论法则和人因工程学进行分析、归纳、总结，制定相应的燃气轮机控制系统人机界面设计的指导原则和具体细则(图 6-26)。根据这些原则制定具体的设计细则，参考国标规范、常用规则和行业习惯，制定人机界面设计规范(图 6-27 和图 6-28)，对画面类型、布局、导航、背景色、线条、字体、颜色、图符、报警和趋势等画面元素进行约定，保证设计出的人机界面具有一致性，同时具有相似的布局、信息显示方式和一致的操作序列[51]。

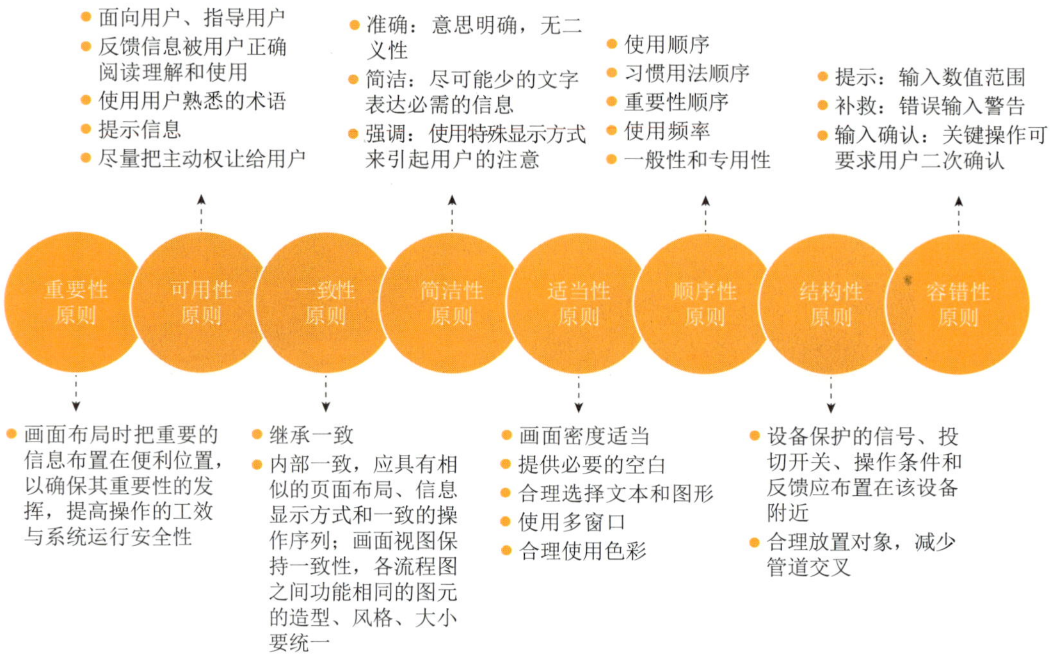

图 6-26　人机界面设计相关原则

图片来源：赵瑜，金曹斌，焦成. 重型燃气轮机控制系统人机界面设计探讨[J]. 发电设备，2021，35(6)：402-406，439.

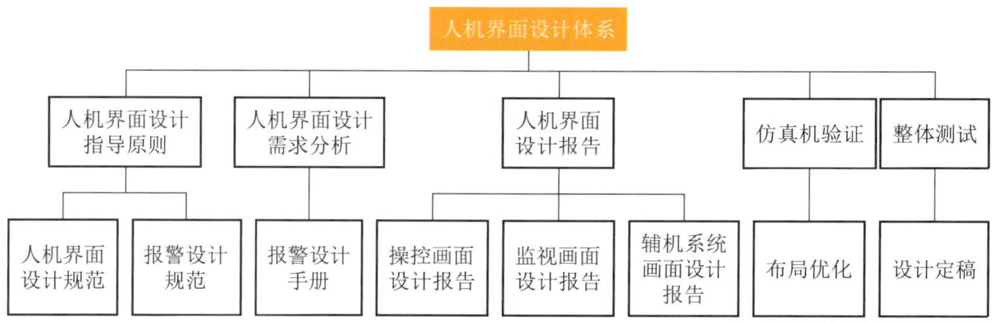

图 6-27　人机界面设计体系

图片来源：赵瑜，金曹斌，焦成. 重型燃气轮机控制系统人机界面设计探讨[J]. 发电设备，2021，35(6)：402-406，439.

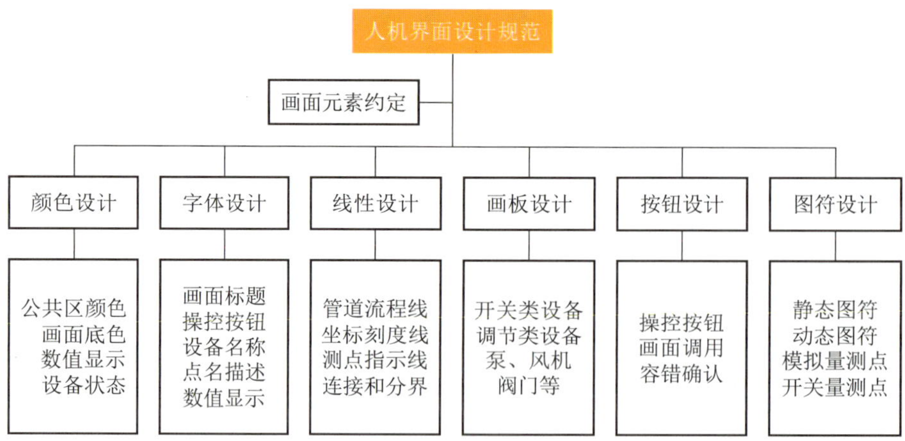

图 6-28　人机界面设计规范

图片来源：赵瑜，金曹斌，焦成. 重型燃气轮机控制系统人机界面设计探讨[J]. 发电设备，2021，35(6)：402-406，439.

6.3.4　航天报警任务分析——以火警报警为例

本设计实践先从报警场景、报警形式和报警内容 3 个方面进行头脑风暴，整理结果如图 6-29 所示。然后，我们根据情况的紧急程度以及危险程度两个维度进行筛选，最终确定火警、爆炸、遇袭、撞击、供给量、生理指标、气温气压为最紧急报警的情况，以及危险程度较高的有遇袭、撞击、偏离航道、太空垃圾、不明生物、生物危害、太空沙尘暴这一类紧急事件，如图 6-30 所示。

图 6-29　航天紧急情况报警显示分析

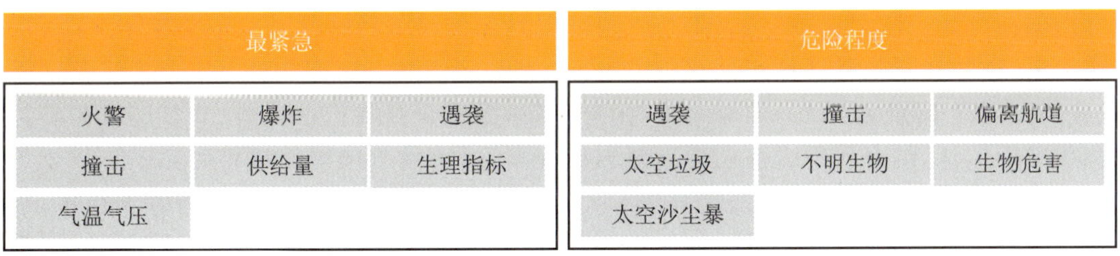

图 6-30　航天紧急情况危险等级

在载人航天器及空间站等密闭环境中，火灾、快速泄压及有毒气体泄漏构成最紧急风险，其中火灾隐患威胁最大，是航空航天领域最严峻的安全威胁。载人航天器火灾防控是微重力燃烧研究核心，氧气浓度与气流速度决定材料可燃性极限（如高速气流吹熄与低速冷熄现象），微重力环境下低速气流加剧有焰燃烧和闷烧风险。中、美、俄防火方案在共性与特性间寻求平衡。

最终，我们确定依托火警为紧急报警任务，开展紧急报警交互弹窗设计。

6.3.5 航天火警报警弹窗色彩设计

6.3.5.1 紧急报警交互弹窗界面构成要素

紧急报警交互弹窗界面的构成要素如图 6-31 所示，信息优先级和信息架构都是人机界面建立的重要支柱部分，对上层的设计工作起着规划作用。

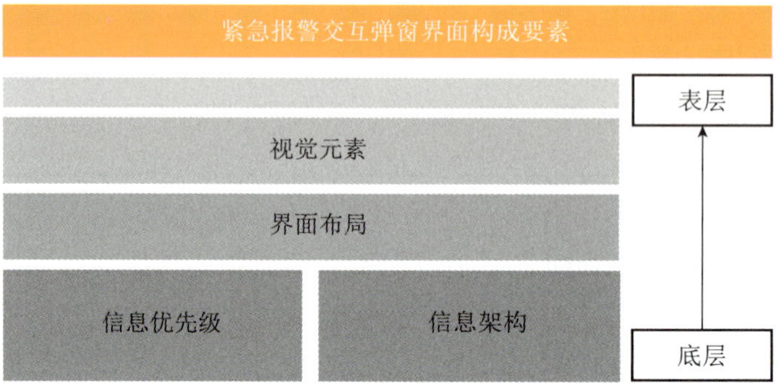

图 6-31 紧急报警交互弹窗界面构成要素

紧急报警交互弹窗界面信息架构设计分两步：信息优先级排序与架构搭建。核心报警信息包括事故舱段、报警编号/代码、风险等级、处置方案、时间戳及类型描述，需符合航天器界面设计规范，确保信息呈现逻辑清晰且符合人机交互原则。其内容如图 6-32 所示

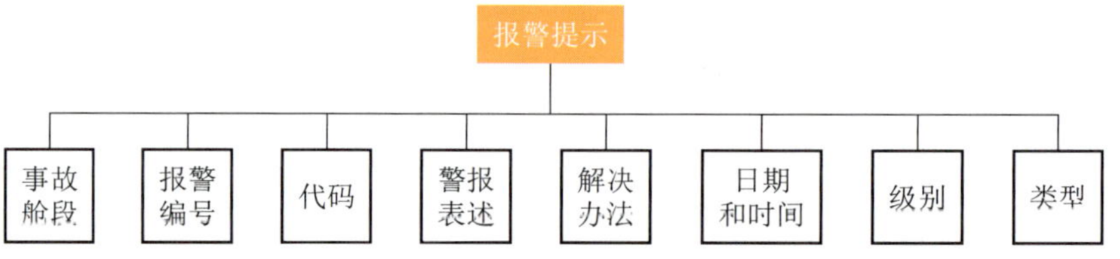

图 6-32 紧急报警信息提示内容

6.3.5.2 图形报警界面

用户界面(user interface，UI)是进行人机交互活动的系统部件，是人与计算机对话的接口。图形用户界面是指以静态图形信息为主的多媒介界面，它的全称是人机交互图形化用户界面(graphical user interface，GUI)。图形用户界面(GUI)概念由施乐公司于 1970 年代率先提出，伴随技术迭代延伸至网页、移动设备等多元领域。研究表明，GUI 通过视觉通道(承载 70%以上信息感知[51])整合文本/图形信息，具有直观易记忆优势；其多层级界面架构可持久展示信息，结合触控设备实现高效人机交互，显著优于传统物理界面。

因为图形信息包含的信息量比其他形式的传播语言，如文字、符号、声音等大得多，是人机交互的有效方法，所以本小节选择运用 GUI 设计来对报警信息进行规划设计。对于紧急报警交互弹窗界面的信息布局显示如图 6-33 所示。

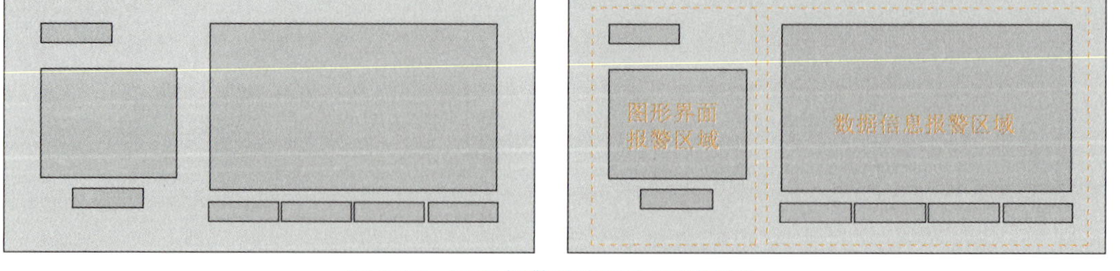

图 6-33 图形报警信息显示区域划分

6.3.5.3　紧急报警交互弹窗交互信息架构

紧急报警交互弹窗交互信息架构如图 6-34 所示。

图 6-34　紧急报警交互弹窗交互信息架构

6.3.5.4　界面布局

界面布局设计通过有序排布元素降低认知负荷并提升操作效能，常见类型包括“三”字形（均衡信息）、对称形（强对比分区）、上下/左右形（结构清晰）及“口”字形（边界环绕式），设计需结合装置特性强化视觉中心原则，以主次层级划分菜单导航，确保信息密度适中且主题聚焦，满足航天场景的高效性与人机工效适配需求[50]。

布局问题指在给定空间内合理摆放物体，满足约束并优化指标[52]。本小节借鉴 Foley 和 Kim[53] 的界面模块分析方法，提出基于队列、方位、放置的布局思路。结合 Diba 和 Buzsáki[54] 的研究，提出一种框架，用于界面元素的合理排布。

本研究在显示布局中设定以下条件：界面元素种类有限（如图 6-35 所示仅 2 种），若同种类或关联元素可视为整体布局；界面为静态，无动态图片，确保元素视觉吸引力一致；元素重要性与所占面积成正比，越重要元素面积越大，以实现布局的合理性与功能性。

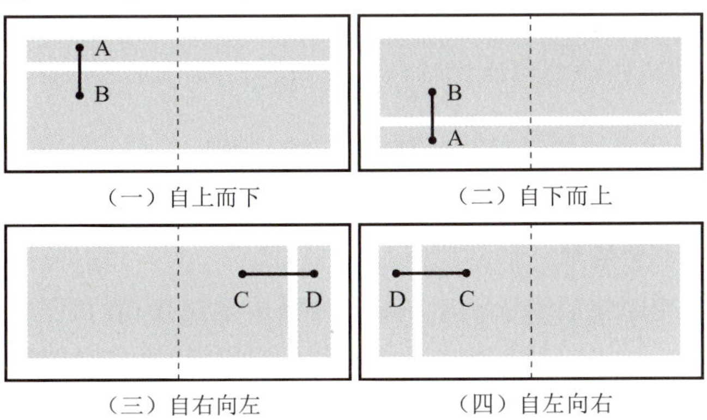

图 6-35　4 种布局方案

在显示器面积由生产技术限定的前提下，元素的重要性已通过面积差异体现。本研究将两个元素布局到既定界面中，首先建立坐标系[图 6-35(一)]，并在坐标系中对元素进行排列组合，得出 4 种相对位置[图 6-35(二)]。为筛选最优方案，采用设计准则挑选法剔除明显不符合设计规律的方案，再通过眼动追踪实验法对剩余不确定方案进行实验，依据实验数据对比筛选出最优布局方案。

在界面包含多个元素的情况下，仍采用上述思路，基于排列组合原理筛选最优方案。然而，该方法的局限性在于界面元素种类需有限且越少越好。为弥补此缺陷，设计者可分析元素间的内在联系与对应关系，对元素进行归类整合，从而优化布局设计[55]。

6.3.5.5 航天器报警弹窗交互界面信息布局

天和核心舱操作系统界面以自左向右布局为主，报警交互弹窗设计需与其保持一致。结合人眼视觉感知规律(从上到下，从左到右)，报警交互弹窗信息布局同样采用自左向右方式，如图 6-36 所示。

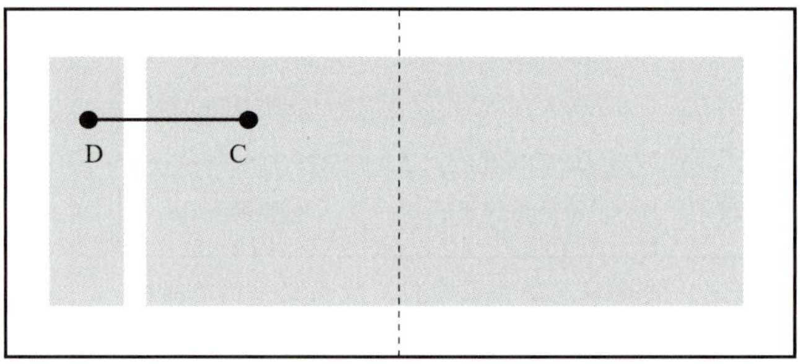

图 6-36　自左向右的界面布局方式

航天器报警弹窗交互界面通过功能层级分析，可以看成图形报警层区域和数据信息区域两个部分，如图 6-37 所示，左边面积较小的图片缩略图表示图形报警显示区域，而右边面积大的长方形代表数据信息界面显示区域。

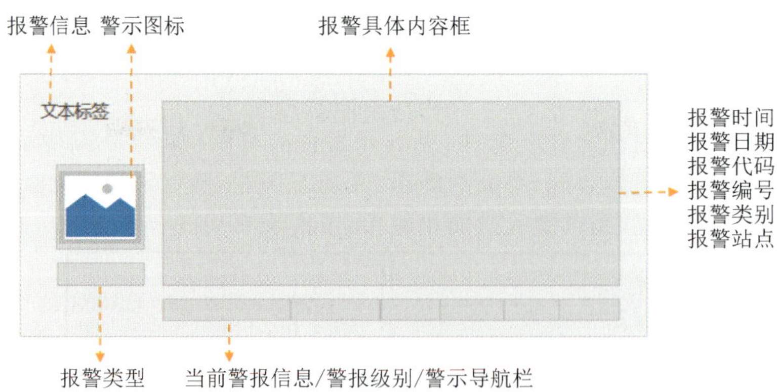

图 6-37　报警弹窗交互界面框架

6.3.5.6 色彩方案设计

紧急报警交互弹窗系统的颜色设计在航天界面中至关重要，需平衡信息表达的清晰度与视觉认知的高效性。过多的颜色种类可能导致信息混乱，而颜色种类过少则可能无法准确传达复杂警报信息。正确使用颜色编码可有效引导航天员的视觉感知，提升其对警报信息的识别与警觉度，从而确保航天器与航天员的飞行安全。

显示信息的颜色与其含义直接相关，因此显示系统颜色需在各种亮度条件下清晰可辨。舱段环境、显示背景与颜色应具备足够的色彩对比度。为提高飞行员信息解读效率与准确性，建议信息表达颜色不超过 6 种。但在地形指示或增强视景系统中，为实现更精确的显示，可能使用超过 6 种颜色渲染地形。常用颜色使用场景见表 6-8。

表 6-8　常用颜色使用场景

颜色	使用场景
红色	根据适航规章规定，红色只用于警告级别的信息指示。红色所指示的信息需要飞行员立即采取相应操作，否则可能导致灾难级的后果
黄色/琥珀色	除非有特殊说明，黄色和琥珀色的使用情景基本相同。黄色/琥珀色用于指示警戒级别信息，数据失效一般也采用黄色/琥珀色表示。黄色/琥珀色所指示的信息需要飞行员知悉，并在后续采取相应操作
洋红色	洋红色用于指示目标信息或行为，如当前航路点、当前航迹以及目标高度等。飞行员可以通过识别洋红色信息来快速知悉飞机系统正在完成何种行为。如果当前同一信息具有两个目标值，则当前激活的显示为洋红色
青绿色	可能的目标值或目标行为。如果当前同一信息具有两个目标值，则当前未激活的显示为青绿色
绿色	绿色的信息指示表示数据或状态处于正常范围内，也可用于指示当前数据
白色	通常情况下，首选白色用于指示当前数据（也可选择绿色作为替代）。除非特殊说明，符号的默认状态也显示为白色
灰色	灰色用于标识、分界线、单位及其他补充性的文本，需要时也可以用作对话框的背景色
黑色	通常用于画面的背景颜色

资料来源：王菡．驾驶舱显示系统颜色使用方法研究[J]．科技创新导报，2018，15(20)：21-23，25．

(1)背景色

基于对天和核心舱操作界面的色彩分析可知，核心舱操作界面的背景色以深灰色为主色调，因此紧急报警交互弹窗的面板基本色应该以浅色为主，然后参考适航规章中对显示界面信息颜色的使用要求[56]。最后通过小组讨论和专家意见咨询，最终选择浅灰色配色方案为弹窗系统信息显示面板的背景色。几种信息显示面板配色方案如图 6-38 所示。

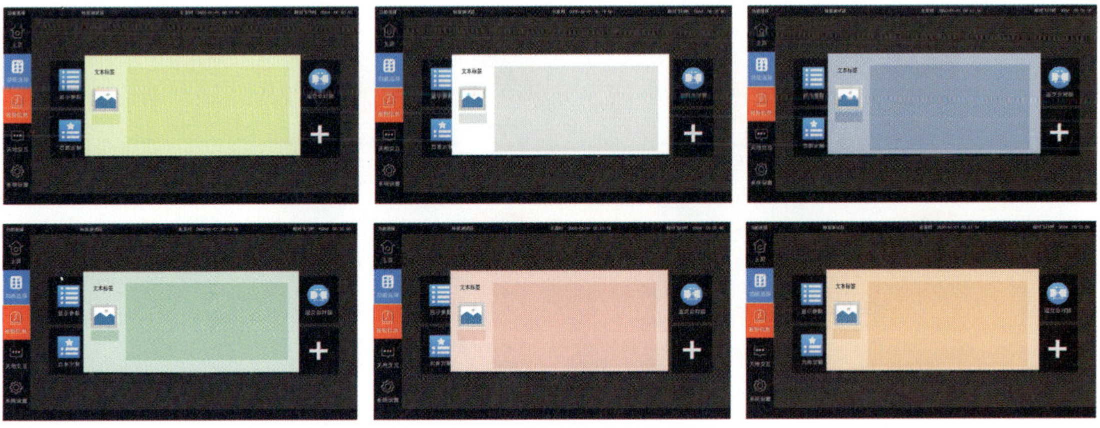

图 6-38　信息显示面板配色方案

(2)前景色

紧急报警交互弹窗界面的前景色主要由图形报警界面颜色和文本色彩构成。文本作为信息表达形式，以文字和专用符号为载体，在界面中承担介绍、说明和概括等功能，同时具备新的表现方式和地位。文本可根据界面设计及用户控制呈现非线性状态，实现内容的动态变换。界面文本色彩具有简练性与表意性两个特点，既要简洁明了，又要准确传达信息内涵。

在紧急报警交互弹窗界面中，图形报警底色选用正红色作为主色调，因其具有最佳的警觉度唤醒效果；为突出紧急状态，警示数据信息同样采用正红色；报警信息文字则选择明度更低、饱和度更高的红色，以避免与大面积正红色底色过于相似；交互操作按钮采用比背景色更深、明度更低的灰色渐变，以增强视觉引导；其他文字说明使用高饱和度灰色并加粗，确保在深灰色背景下突出显示，提升可读性。报警信息面板的设计与颜色效果如图 6-39 所示。

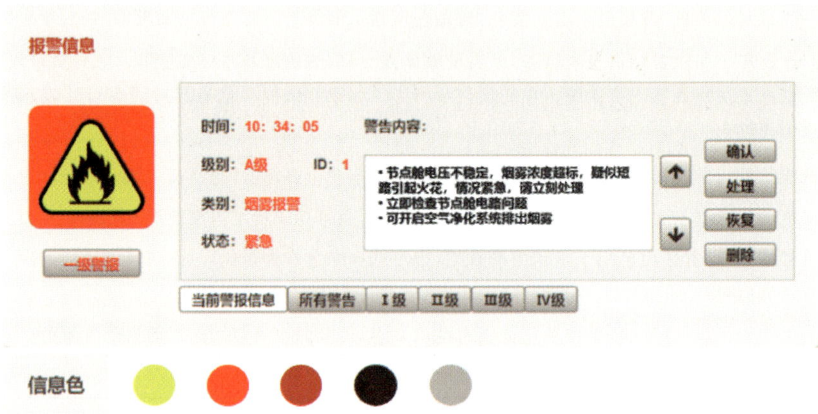

图 6-39　报警信息显示功能面板

在其他级别的紧急报警信息记录面板中，根据航天任务紧急级别和航天信息显示色彩级别要求，对不同级别的报警信息进行了颜色区分处理：一级报警任务（最高等级）数据信息采用红色，二级报警任务采用橙色，三级报警任务采用亮黄色，四级报警任务采用蓝色。具体颜色使用效果如图 6-40 所示。

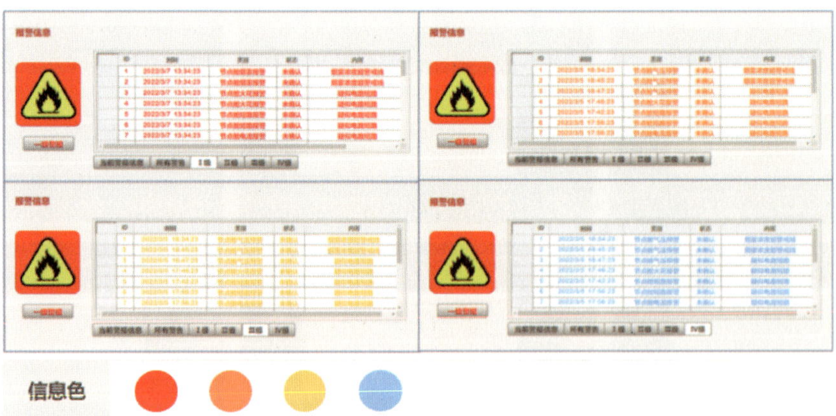

图 6-40　不同报警信息色彩显示

6.3.5.7　警示图标设计

直观图标设计在界面中具多重价值，可引导操作、提升美观、降低学习难度、提高效率。

设计准则：①基于用户认知，图标意义与实际相符，提升识别度；②确保统一性，制定颜色、尺寸等标准；③注重美观度，增强产品竞争力[50]。设计时需分析作业流程，了解用户习惯，对比局限性，以易用性为前提改良。

根据头脑风暴与航天紧急情况的网络资料调研，总结出以下紧急报警情况，并针对每种紧急情况设计了紧急报警图标，如图 6-41 所示。

图 6-41　紧急报警图标

6.3.5.8　文本设计

文字是显示界面的核心信息来源，报警交互界面设计中字体选择至关重要，应选用线条简洁、安全易读的字体，提升操作人员的认知效率。同时，文字数量与篇幅影响阅读效率，设计时应减少冗长文本，减轻用户负担。此外，每个操作界面字体类型通常不超过 3 种，确保一致性与简洁性。字体应选择简洁、清晰、硬朗的款式，以提供明确引导信息。

本研究航天紧急报警弹窗采用 Arial 加粗无衬线字体，其简洁线条特性确保信息传递的安全性，通过加粗处理提升微重力环境下的阅读清晰度，消除细字体导致的识别障碍，优化航天员紧急任务处理效率并保障人机安全。

参考文献

[1]李艳，刘力赫. 颜色学习影响颜色感知的实证研究[J]. 艺术设计研究，2021(4)：63-69.

[2]BLUTH B. Social and psychological problems of extended space missions[C]//International Meeting and Technical Display on Global Technology. Baltimore，Maryland，USA，1980：826.

[3]SCHLACHT I L，BRAMBILLASCA S，Birke H. Color perception in microgravity conditions：the results of CROMOS parabolic flight experiment[J]. Microgravity Science and Technology，2009，21(1-2)：21-30.

[4]JIANG A，YAO X，SCHLACHT I L，et al. Habitability study on space station colour design[J]. Advances in Intelligent Systems and Computing，2020，1212：507-514.

[5]KONOVALOV B. New features of Salyut-7 station[Z]. 1982，Izv，(USSR)：3.

[6]王子莹，巴剑波，王川. 工作环境色彩对人体心理、生理和作业绩效的影响[J]. 人类工效学，2021，27(3)：76-82.

[7]JIANG A，YAO X，FOING B，et al. Integrating human factors into the colour design of human-machine interfaces for spatial habitat[Z]. EGU General Assembly 2022，Vienna，Austria，23-27 May 2022，

EGU22-622.

[8]ZIELINSKA O A,MAYHORN C B,WOGALTER M S. Connoted hazard and perceived importance of fluorescent,neon,and standard safety colors[J]. Applied Ergonomics,2017,65:326-334.

[9]陈善广,王春慧,陈晓萍,等. 长期空间飞行中人的作业能力变化特性研究[J]. 航天医学与医学工程,2015,28(1):1-10.

[10]JENKIN H L,DYDE R T,ZACHER J E,et al. The relative role of visual and non-visual cues in determining the perceived direction of "up": experiments in parabolic flight[J]. Acta Astronautica,2005,56(9-12):1025-1032.

[11]ODDSSON L I,WALL M,MOORE S T,et al. Head-eye coordination during simulated orbiter landing[J]. Aviation,Space,and Environmental Medicine,2008,79(9):888-898.

[12] GERATHEWOHL S J, STRUGHOLD H, STALLING H D. Sensomotor performance during weightlessness[J]. The Journal of Avaiation Medicine,1957,28(1):7-12.

[13]RESCHKE M F,BLOOMBERG J J,HARM D L,et al. Visual-vestibular integration as a function of adaptation to space flight and return to earth[J/OL]. 1999. http://www.researchgate.net/publication/24328549_Visual-vestibular_integration as a function of adaptation to space flight and return to Earth.

[14]KRUKOWSKI A E,PIROG K A,BEUTTER B R,et al. Human discrimination of visual direction of motion with and without smooth pursuit eye movements[J]. Journal of Vision,2003,3:831-840.

[15]CORBALLIS M C,ZBRODOFF N J,SHETZER L I,et al. Decisions about identity and orientation of rotated letters and digits[J]. Memory and Cognition,1978,6(2):98-106.

[16]马欢,刘至臻,田雨,等. 航天员在轨飞行任务前后的警觉度变化及节律特征分析[J]. 航天医学与医学工程,2017,30(6):391-395.

[17] MOLLICONE D J, VAN DONGEN H P A, ROGERS N L, et al. Response surface mapping of neurobehavioral performance: testing the feasibility of split sleep schedules for space operations[J]. Acta Astronautica,2008,63(7):833-840.

[18]GUNDEL A,POLYAKOV V V,ZULLEY J. The alteration of human sleep and circadian rhythms during spaceflight[J]. Journal of Sleep Research,1997,6(1):1-8.

[19]MALLIS M M,DEROSHIA C W. Circadian rhythms,sleep,and performance in space[J]. Aviation,Space,and Anvironmental Medicine,2005,76(6):B94-B107.

[20]THOMANN J,BAUMANN C B,LANDOLT H P,et al. Psychomotor vigilance task demonstrates impaired vigilance in disorders with excessive daytime sleepiness[J]. Journal of Clinical Sleep Medicine,2014,10(9):1019-1024.

[21]PFAFF D W,KIEFFER B L. Molecular and biophysical mechanisms of arousal,alertness,and attention[J]. Annals of the New York Academy of Sciences,2008,1129(1):xi.

[22]万宇峰,张琳,喻昕阳,等. 45 d 头低位卧床对尿样 Ca、P 元素含量及昼夜节律的影响[J]. 航天医学与医学工程,2015,28(1):11-15.

[23]薛澄岐. 复杂信息系统人机交互数字界面设计方法及应用[M]. 南京:东南大学出版社,2015.

[24]SHIEH K K,LAI Y K. Effects of ambient illumination,luminance contrast,and stimulus type on subjective preference of VDT target and background color combinations[J]. Perceptual and Motor Skills,2008,107(2):336-352.

[25]YEH Y Y,LEE D S,KO Y H. Color combination and exposure time on legibility and EEG response of

icon presented on visual display terminal[J]. Displays,2013,34(1):33-38.

[26]PASTOOR S. Legibility and subjective preference for color combinations in text[J]. Human Factors, 1990,32(2):157-171.

[27]SHNEIDERMAN B, PLAISANT C. Designing the user interface: strategies for effective human-computer interaction[M]. Hoboken:Addison Wesley,2005:122-131.

[28]LIN C T,KO L W,CHANG M H,et al. Review of wireless and wearable electroencephalogram systems and brain-computer interfaces—A mini-review[J]. Gerontology,2010,56 (1):112-119.

[29]张宜静,吴斌,李志忠,等. 航天应急故障操作程序复杂度度量方法研究[J]. 宇航学报,2009,30(3):1225-1230.

[30]王丹,徐进,陈丹. 基于自主规划的载人航天器飞行程序设计[J]. 航天器工程,2015,24(1):50-55.

[31]王超,钮建伟,张宜静. 悬吊状态下航天应急故障操作绩效变化研究[J]. 工业工程与管理,2018,23(3):87-91,99.

[32]SURBER J P. Culture and critique: an introduction to the critical discourses of cultural studies[M]. Boulder:Westview Press,1998:52-61.

[33]MUSGRAVE G,LARSEN A,SGOBBA T. Safety design for space systems[M]. Boston:Butterworth-Heinemann,2009.

[34]任开明,赵静,田立平,等. 我国空间站航天员在轨训练初探[J]. 载人航天,2011,17(5):14-18.

[35]杨宁. 民机驾驶舱显示系统色彩标准的研究[J]. 电脑知识与技术,2017,13(26):174-175,185.

[36]ARP 4256A. Design objectives for liquid crystal displays for Part 25 (Transport) aircraft[S]. 2001.

[37]徐洪亮,张太雄,唐伯明,等. 基于颜色视觉的道路交通安全色彩体系设计[J]. 重庆交通大学学报(自然科学版),2009,28(1):105-107,115.

[38]杨治良. 实验心理学[M]. 杭州:浙江教育出版社,1998:107-113,119-126,297-301.

[39]杨欢,李义娜,张康. 可视化设计中的色彩应用[J]. 计算机辅助设计与图形学学报,2015,27(9):1587-1596.

[40]ZIELINSKA O A,MAYHORN C B,WOGALTER M S. Connoted hazard and perceived importance of fluorescent,neon,and standard safety colors[J]. Applied Ergonomics,2017,65:326-334.

[41]李晓明,和平,刘林英. 风险回避行为中的"红色图形效应"[J]. 心理科学进展,2016,24(3):351-355.

[42]张磊,庄达民. 飞机界面设计颜色匹配性[J]. 北京航空航天大学学报,2009,35(8):1001-1004.

[43]赵国璇,胡志红,杨静生,等. 头低位(−30°)卧床条件下不同耐力者的头颈部血流变化的特点[J]. 航天医学与医学工程,1998(5):324-328.

[44]艾家玲,杨嘉玮,朱思泉,等. 失重/模拟失重对眼结构和视功能影响的研究进展[J]. 航天医学与医学工程,2021,34(1):75-79.

[45]李莹辉,万玉民,白延强,等."地星"1 号——60 d 头低位卧床实验研究概况[J]. 航天医学与医学工程,2008(3):291-294.

[46]SHEHAB R L,SCHLEGEL R E,SCHIFLETT S G,et al. The NASA performance assessment workstation: cognitive performance during head-down bed rest[J]. Acta Astronautica,1998,43(3-6):223-233.

[47]DAYAL D,JESUDASEN S,SCOTT R,et al. Effects of short-term −12° head-down tilt on cognitive performance[J]. Acta Astronautica,2020,175:582-590.

[48]王笃明,韩奇沛. 短时头低位模拟失重对于运动方向判断的影响[C]//第二十届全国心理学学术会议——心理学与国民心理健康摘要集. 2017:1001-1003.

[49]于洪强，蒋婷，王春慧. 体位改变 30min 对眼内压和视觉能力影响研究[J]. 航天医学与医学工程，2016，29(3)：195-200.

[50]祖金新，马彧. 数控机床人机界面设计原则研究[J]. 设计，2018(24)：138-139.

[51]赵瑜，金曹斌，焦成. 重型燃气轮机控制系统人机界面设计探讨[J]. 发电设备，2021，35(6)：402-406，439.

[52]DOWSLAND K A，DOWSLAND W B. Packing problems[J]. European Journal of Operational Research，1992，56(1)：2-14.

[53]FOLEY J D，KIM W C. Image composition via lookup table manipulation[J]. IEEE Computer Graphics and Applications，1987，7(11)：26-35.

[54]DIBA K，BUZSÁKI G. Forward and reverse hippocampal place-cell sequences during ripples[J]. Nature Neuroscience，2007，10(10)：1241-1242.

[55]王海燕，卞婷，薛澄岐. 新一代战斗机显控界面布局设计研究[J]. 电子机械工程，2011，27(4)：57-61.

[56]王菡. 驾驶舱显示系统颜色使用方法研究[J]. 科技创新导报，2018，15(20)：21-23，25.